湖北省公益学术著作出版专项资金资助

中国南方海相页岩气研究丛书

四川盆地东南缘龙马溪组页岩气区域选区定量评价

SICHUAN PENDI DONGNAN YUAN LONGMAXIZU YEYANQI
QUYU XUANQU DINGLIANG PINGJIA

徐笑丰　石万忠　张晓明　翟刚毅　等著

图书在版编目(CIP)数据

四川盆地东南缘龙马溪组页岩气区域选区定量评价/徐笑丰等著.—武汉:中国地质大学出版社,2023.8
(中国南方海相页岩气研究丛书)
ISBN 978-7-5625-5562-9

Ⅰ.①四⋯　Ⅱ.①徐⋯　Ⅲ.①四川盆地-油页岩-储集层-研究　Ⅳ.①P618.130.2

中国国家版本馆 CIP 数据核字(2023)第 135260 号

四川盆地东南缘龙马溪组页岩气区域选区定量评价

徐笑丰　石万忠　张晓明　翟刚毅　等著

| 责任编辑:李焕杰　王凤林 | 选题策划:王凤林 | 责任校对:张咏梅 |

出版发行:中国地质大学出版社(武汉市洪山区鲁磨路388号)　　邮编:430074
电　　话:(027)67883511　　传　　真:(027)67883580　　E-mail:cbb@cug.edu.cn
经　　销:全国新华书店　　　　　　　　　　　　　　　　　　http://cugp.cug.edu.cn

开本:787毫米×1092毫米　1/16	字数:231千字　印张:9.25
版次:2023年8月第1版	印次:2023年8月第1次印刷
印刷:武汉精一佳印刷有限公司	

ISBN 978-7-5625-5562-9　　　　　　　　　　　　　　　　　　　　　　　　定价:98.00元

如有印装质量问题请与印刷厂联系调换

《四川盆地东南缘龙马溪组页岩气区域选区定量评价》编委会

徐笑丰　石万忠　张晓明　翟刚毅
冯　芊　林建炜　刘俞佐　白卢恒
陈相霖　王　任　覃　硕　刘　凯

序

自2012年我国页岩气获得突破后,我国已经成为继美国之后第二个页岩气生产大国。我国海相、海陆交互相和陆相富有机质页岩发育层系多、分布广,具有很大的页岩气资源潜力。目前页岩气工业化开采主要集中在四川盆地及周缘地区的五峰组—龙马溪组,南方海相广大地区及层系还处于调查阶段。基于近十年的南方海相页岩气调查数据,从区域上总结海相页岩气的调查进展,并筛选出页岩气远景区、有利区,为下一步页岩气调查打下了关键基础。

本专著由石万忠教授、翟刚毅教授及团队成员在"十三五"国家油气重大专项任务研究工作的基础上完成。团队对南方海相八套重点富有机质页岩层的生储条件、保存条件、远景区及有利区进行了评价,并形成了"中国南方海相页岩气研究丛书"。该丛书分为两本专著和一本图集:专著在图集的基础上列举了典型地区、典型案例,对页岩气的生、储、保及远景规划做出了评价;形成的图集为《中国南方海相页岩气区域选区评价图集》。该丛书具有如下三方面显著特征:

(1)以"构造控沉积、沉积控岩相、岩相控富集、保存控气藏"的"四控法"思路为指导,以最新地质调查井资料为约束,从点—线—面的不同层次,编制了南方震旦系、寒武系、上奥陶统—下志留统、中泥盆统、下石炭统、二叠系海相页岩气评价图件。平面图件包括岩相古地理图、沉积相图、页岩厚度分布图、总有机碳(TOC)含量分布图、有机质成熟度(R_o)分布图、保存指数分布图、页岩气远景区分布图、页岩气有利区分布图。资料丰富、数据翔实、参考性强。

(2)提出了页岩气保存指数的概念,首次实现了在区域上编制反映保存条件的平面图件。根据区域上页岩气调查程度低、资料稀少的现实情况,提出了基于断裂密度、地层倾角、地层分布状况(埋藏或剥蚀)、距大断裂距离等参数评价页岩气区域构造保存条件的思路,实现了页岩气区域保存指数的定量计算和成图,将区域保存条件加入页岩气的评价工作中,为页岩气"成烃-保存"二元评价工作奠定了坚实的工作基础。

(3)具有很强的资料性与指导性。富有机质海相页岩分布特征不仅为南方大地构造演化与沉积格局研究提供了翔实的资料,也为该区的页岩气调查提供了最新数据;远景区、有利区图件能够有效指导未来页岩气的选区评价与调查工作。

综上所述，该丛书是在大量野外测量剖面、页岩气调查井、分析化验测试等资料约束下完成的。在此基础上编制了一套区域图件，编图思路新颖、资料丰富、数据翔实、创新性强，具有很强的资料性、实用性与指导性，对我国南方海相页岩气的评价工作具有重要指导意义与推进作用。

中国工程院院士

2022 年 12 月

前言

页岩气是目前全球油气资源勘探开发的热点,也是低碳经济转型过程中的重要能源矿种。加快页岩气资源勘探开发已成为世界主要页岩气资源地区的共同选择。我国南方扬子板块震旦系至二叠系内发育多套富有机质页岩,其烃源岩品质及储集性能可与北美地区已获商业成功的页岩层系对比,巨大的资源潜力也已被证实。自 2012 年焦石坝地区发现了具有工业化产能的页岩气田以来,我国页岩气商业开采已逾 10 年,成为除美国外的世界第二大页岩气生产国。2014—2019 年全国新增页岩气产量占新增天然气总产量的 28%;至 2021 年底,全国页岩气总产量已达 228 亿 m^3,为保障能源安全及实现"双碳"(碳达峰与碳中和)目标作出了重要贡献。中央及各级地方政府均将页岩气勘探开发利用作为《"十四五"现代能源体系规划》中的重点目标。

目前,我国南方海相页岩气的勘探开发工作已经完成资源远景区的圈定阶段。如何高效地从资源远景区中圈定潜在的勘探有利区及开发目标区,同时尽量规避风险是当前页岩气勘探开发面临的关键问题。前期实践表明,我国南方富有机质页岩形成于不同的古地理环境,其岩矿组成、烃源条件等物质基础具有显著的差异性。受多期次、长时间构造作用的影响,页岩早期经历了深埋作用,热演化程度普遍较高;晚期经历了强烈的构造挤压及巨幅的抬升剥露作用,页岩产生了显著的形变破裂,自封闭性被破坏,其内赋存的页岩气通过断裂、裂缝及地表剥蚀出露区等通道散失。此外,页岩气资源远景区多位于丘陵或山区地区,地表条件多样,受工程条件复杂、水资源匮乏、道路稀疏、环境与生态保护需求迫切等诸多限制。复杂的地质背景及演化极大地制约着页岩气的富集与保存,进一步影响着勘探地质有利区的选取。地质、工程、生态、经济等因素更联合制约着开发目标区的选取,从而导致页岩气开采难度大、风险、成本高,商业收效不尽如人意。

长期以来,国内外专家学者对页岩气的富集保存机制及选区评价开展了大量研究,取得了诸多成果,但这些成果也存在不足。现有工作虽认识到保存条件是复杂构造背景下页岩气富集的核心因素,但针对保存条件的研究及评价多未触及本质,即并未对页岩内在性质与外在背景、页岩气保存的静态要素及动态过程进行联合研究。同时,评价工作往往局限于应用少数井资料及小范围地球物理资料的研究,不仅研究尺度小、高度依赖实钻资料,且不具有预测性。此外,评价多基于地质、工程等单一角度进行评估,且以定性指标为主,不仅无法实现综合性、定量化评价,还忽略了生态环境保护的需求,不符合"生态优先、绿色发展"的能源发展观。因此,当前的页岩气选区评价工作迫切需要一种符合地质内涵,对油气资料依赖度低,可在区域尺度上实现地质、工程、环境、经济各方面要素全面及定量评估的新方法。

基于前述背景,本书选取我国目前唯一实现了页岩气商业突破的层系——四川盆地东南缘下志留统龙马溪组富有机质页岩,依托丰富的钻井/野外露头资料、区域地质调查成果及高分辨率遥感数据,借助理论模型推导、实验室分析测试、油气定量数值模拟、数据处理汇编成图等方法和技术手段,查明了研究区内富有机质页岩的空间展布、形成背景及物质基础,评估了页岩的自身岩石力学属性、所处的应力背景及二者联合控制的破裂特征,探讨了向斜背景下富有机质页岩系统内的成烃演化、天然气侧向输导散失过程及其影响因素。综合上述各方面认识,本书提出了用于开展区域尺度定量评价页岩气富集保存条件及地表开发条件的方法技术体系,并优选了四川盆地东南缘龙马溪组页岩气勘探有利区及开发目标区,以服务后续南方页岩气勘探开发工作。

本书依托"页岩气区域选区评价方法研究""中美石炭-二叠系页岩储层评价技术合作研究""页岩气储层总孔隙度的定量化表征及预测""南方典型地区页岩气差异富集条件对比调查"等项目成果撰写而成。衷心感谢国家科技重大专项、国家重点研发计划、国家自然科学基金、中国地质调查局油气资源调查中心等科研人员对课题组页岩气研究的一贯支持和长期帮助。本书的出版得到了2021年度湖北省公益学术著作出版专项资金的资助,在此特致谢意!

我国页岩气研究正在稳步有序推进,但仍然存在许多争议。希望能通过本书与相关同行专家进行交流,以进一步发展及完善我国页岩气地质理论、方法和技术。同时由于时间仓促,作者水平有限,书中的观点或认识难免有不妥甚至错误之处,还望读者批评指正。

著 者

2022年12月

目 录

第一章 绪 论 ······(1)
    第一节 研究背景及意义 ······(1)
    第二节 国内外研究现状 ······(2)
    第三节 研究内容与创新特色 ······(8)

第二章 页岩发育的地质背景 ······(11)
    第一节 研究区地质概况 ······(11)
    第二节 页岩发育背景及沉积学特征 ······(17)

第三章 富有机质页岩的物质基础 ······(27)
    第一节 富有机质页岩的烃源条件 ······(27)
    第二节 富有机质页岩的岩石矿物学特征 ······(30)
    第三节 富有机质页岩的岩石力学性质 ······(33)

第四章 富有机质页岩的埋藏演化特征 ······(42)
    第一节 富有机质页岩的现今埋藏状态 ······(42)
    第二节 研究区构造抬升特征 ······(46)
    第三节 富有机质页岩的埋藏-热成熟过程 ······(50)

第五章 区域应力与页岩破裂概率 ······(60)
    第一节 强构造挤压期区域应力背景 ······(60)
    第二节 页岩破裂概率评估 ······(71)

第六章 页岩气侧向输导散失过程 ······(77)
    第一节 模型建立及参数设置 ······(77)
    第二节 模拟结果及其意义 ······(83)

第七章 页岩气勘探有利区定量评价 ······(94)
    第一节 地质评价方法概述 ······(94)
    第二节 评价结果及讨论 ······(101)

第八章 页岩气开发目标区定量评价 ······(107)
    第一节 地表评价方法概述 ······(108)
    第二节 评价结果及讨论 ······(114)

主要参考文献 ······(125)

第一章 绪 论

第一节 研究背景及意义

我国的页岩气勘探开发开始于2008年,工作初期主要参考北美地区页岩气的研究实践成果。我国与北美地区海相富有机质页岩地质条件的对比表明,二者在包括沉积相、规模、有机相、生烃潜力、储集性能及工程品质等方面的原生物质基础条件具有明显的可对比性;我国南方海相页岩的部分指标(如有机质丰度等)甚至优于北美页岩(王淑芳等,2015;王玉满等,2016)。即便如此,我国与北美页岩气的实际勘探开发收效相去甚远。北美页岩气在历经了几十年的勘探开发后,已于多个盆地内获得了可观的收益,可谓"油气兼得,处处见烃"。相较之下,我国南方仅在四川盆地及周缘地区实现了商业突破,但总体成效仍处于盆内"见缝插针,尚存曙光"、盆外"十钻九空,聊胜于无"的状态。

随着研究与实践的逐步深入,越来越多的学者注意到我国与北美页岩气地质条件的核心差异:纵然二者具有相似的原生物质条件,但迥异的构造背景导致了我国与北美页岩在成烃之后演化历程的明显不同。北美主要的页岩气产区及产层地质背景相对简单(Alsalem et al.,2017),构造样式多为背斜、单斜(Curtis,2002;Gasparrini et al.,2014),最大埋深与有机质热成熟度适中(Pollastro et al.,2007;Lewan and Pawlewicz,2017),且仅经历了一期小幅构造抬升(Alsalem et al.,2017)。这种较为平静的构造演化使北美页岩沉积、成烃后的自封闭性得以良好保持,页岩气总体散失较少(Hao et al.,2013)。反观我国南方地区,自下古生界海相页岩沉积以来,扬子板内经历了多个构造旋回(张国伟等,2013;徐政语等,2015)。长期、强烈的构造运动,致使现今地表及深部构造特征极为复杂。"早期深埋藏-晚期强改造的独特地质作用(刘树根等,2016)"主导下的"建造-改造过程(何治亮等,2017)"对我国南方海相页岩产生了显著的影响,直接导致其热演化程度极高(Dai et al.,2014;Hou et al.,2019)、保存条件较差(邹才能等,2015,2016;马永生等,2018)。

Gao等(2017,2019)基于流体包裹体与激光拉曼测试结果对焦石坝地区龙马溪组页岩埋藏-热演化及流体压力演化史进行了研究,认为页岩系统在抬升过程中发生了显著的超压释放,期间散失的天然气达总产气量的19.0%~28.5%。Shao等(2019)对北美多个盆地内收集的不同岩相、有机质丰度及成熟度的页岩样品进行了无水封闭体系热解实验,获得了不同残余总有机碳含量(TOC)倾油母质产气量随热演化程度变化的经验图版,并利用该系列图版对我国南方5口下古生界页岩产气井进行了评估,认为位于内盆缘的天然气散失量约60%,

位于外盆缘的天然气散失量甚至约90%。上述结果均表明,我国南方尤其是盆缘及盆外地区在地质历史时期曾存在过的页岩气藏绝大多数已被破坏。郭彤楼和张汉荣(2014)更是直接指出南方页岩气早期勘探未获突破,皆因过分强调与北美地质条件的相似性,却忽略了保存条件是高产的前提这一油气地质的共性,这同样是我国南方与北美页岩气地质条件的核心差异。近年来的勘探实践无不证实,多期、长期、强烈的构造变动制约下的保存条件是决定页岩气富集的核心因素(聂海宽等,2012;郭彤楼和刘若冰,2013;胡东风等,2014;翟刚毅等,2017)。

除了迥异的地质背景外,我国南方页岩气资源远景区的地表条件同样与北美地区相去甚远。北美地区页岩气主要产区多位于平原地区,地表地貌简单(Curtis,2002;Gasparrini et al.,2014)。我国南方地区页岩气资源远景区主要分布于山地及丘陵地区,海拔相对较高、地形起伏大、地貌复杂、坡度变化大,极大地增加了工程开发的难度。同时,土地类型多样,植被覆盖率高,水体、湿地、人口稠密区分布广泛,致使人文生态保护限制因素多。此外,山区道路及水源相对平原地区更为稀疏,导致页岩气开采经济成本高(马永生等,2018)。受此影响,我国南方的页岩气开发有利区不仅需满足地下地质及工程要求,更需综合考察地势、坡度、土地覆盖、道路及水源等各类地表因素,其难度及人力、物力投入均显著高于平原地区。

鉴于地下与地表条件两方面的显著差异,我国南方页岩气的富集保存条件研究及选区评价工作不能直接照搬北美地区经验。目前,专家学者针对我国页岩气的富集保存条件已进行了大量探索性的工作,并取得了诸多认识,但仍未能从根本上解释我国南方富有机质页岩巨大的烃源潜力与眼下依然捉襟见肘的勘探收效之间的矛盾。现有已提出的选区评价方法同样无法有效指导我国南方页岩气的勘探开发工作。因此,迫切需要一种符合我国页岩气富集保存地质内涵,且可在区域尺度上实现对诸方面因素进行全面、定量评估的选区评价方法体系。

四川盆地周缘地区及龙马溪组富有机质页岩分别是我国唯一实现了页岩气商业突破的区域及层位,更是现阶段最为重要的页岩气勘探目标(聂海宽等,2022)。基于现实背景需求,本书选择四川盆地东南缘的龙马溪组富有机质页岩作为对象,对页岩气富集保存条件及潜在勘探开发目标进行了区域尺度的定量评价,提出了复杂地质-地表背景下页岩气选区评价的新思路及方法体系,以助力我国乃至相似背景下的海相页岩气勘探开发工作,具有明显的现实意义及实际价值。

第二节 国内外研究现状

一、海相页岩气富集保存研究进展

1. 页岩气富集保存的实质

早先对于页岩气富集保存的探讨,多关注页岩系统宏观上的地质特征——构造样式。构造样式是多种构造作用下产生的一系列的样式组合的总体特征。一般而言,产生于相同构造背景的构造样式在一定程度上相似度也较高(胡东风等,2014)。国内诸多学者基于南方页岩气勘探中的典型案例对不同构造样式下的页岩气保存模式进行了大量研究(翟刚毅等,2017;张昆,2019;He et al.,2020;Li et al.,2020),但勘探实例的缺乏导致所提出的各种模式高度相似。姜磊(2019)通过对比中上扬子地区的勘探实例发现:①相同构造单元内的同类构造样式的页岩气产量却相去甚远,如桑柘坪向斜的彭页 1HF 等井($1×10^4 \sim 3×10^4 \, \text{m}^3/\text{d}$;郭旭升等,2014)与武隆向斜的隆页 1 井等井(初期日产量为 $6.5×10^4 \, \text{m}^3/\text{d}$;方志雄和何希鹏,2016)均有一定产量,而濯河坝向斜的濯页 1 井则未钻获工业气流;②不同构造单元的同类构造样式的页岩气产量差异更大,如彭水地区桑柘坪向斜的彭页 1HF 等井低产(日产量仅 $1×10^4 \sim 3×10^4 \, \text{m}^3/\text{d}$),而长宁地区建武向斜宁 201 等井高产(日产量大于 $15×10^4 \, \text{m}^3/\text{d}$);③不论正向还是负向构造,均存在页岩气保存较好的实例。上述事实足以表明,构造样式仅是表象因素,对页岩气富集与保存并不存在决定性的影响(姜磊,2019)。

因具有低孔、低渗、低排烃效率及烃类输导距离短的特点,富有机质页岩是源储一体的独立油气系统(Curtis,2002;Hill et al.,2007)。Hao 和 Zou(2013)指出,现今赋存于页岩系统内的天然气实际上是页岩生成且未排出或损失的烃气。理论上,高热演化页岩系统内总含气量由生气总量(包括干酪根裂解气及原油裂解气)、向系统外排气量和后期气体损失量共同决定。假定页岩为全封闭系统,则较高的总含气量需基于 3 项前提,即生油高峰时排油效率低且残余油量高、生气高峰时排气效率低和主生烃期成气后烃类散失少。由于页岩内部存在着形成于不同热演化阶段的天然气,它们的沟通与混合会导致甲烷、乙烷、丙烷碳同位素序列发生倒转。该特征不仅普遍存在于北美高含气性页岩中(Hao et al.,2013),而且出现在我国典型页岩气田,如焦石坝地区龙马溪组页岩储层(郭旭升等,2017),而同一构造位置的震旦系储层则并未出现天然气碳同位素序列倒转(郭彤楼和张汉荣,2014)。上述事实表明,该特征可用于指示页岩系统的自封闭性是否完好。

因此,页岩气富集与保存的实质是页岩系统自封闭性的保持。页岩的自封闭包括封闭性与连续性,封闭性决定着页岩气的保存与否,连续性则控制着页岩气保存空间的大小。页岩的自封闭性可进一步定义为纵向与横向两方面。其中,纵向自封闭性指整个页岩层段垂向上均具有连续的封闭性。即便页岩系统顶底板附近存在局部的自封闭性失效,其影响范围也有限,如焦石坝地区页岩气富集段解析气表现为自底部向中部解吸量逐渐增加,中段优质页岩层则维持相对稳定的高含气性(郭旭升等,2017)。横向自封闭性则表现为页岩在侧向上具有连续性的封闭系统,即便在部分区域出现破裂、剥蚀等局部自封闭性丧失,也仅会导致邻近小范围的页岩气逸散,距散失通道一定距离以外的页岩系统仍可以保存天然气,甚至发育具有工业价值的页岩气藏。

当页岩的自封闭性被打破,其内赋存的页岩气也难以被保存。不论宏观还是微观尺度,自封闭性破坏的本质是页岩内部产生了与外部沟通的通道(Yang et al.,2019),从而导致页岩系统开启。这些通道是天然气逸散的途径,同样也是制约页岩气保存的根源。综合前人认识及实际勘探经验,笔者认为导致页岩系统自封闭性破坏的通道主要可分为两类(3 种途径):第一类是页岩系统不与外部直接沟通,而是间接通过断裂或裂缝等因岩石破裂产生的宏观或微观通道相连,具体包括通过张性、开启性断裂(如图 1-1 中 a 逸散点)与通过裂缝(如图 1-1

中 b 逸散点)两种途径；第二类即页岩直接与外部系统沟通，主要通过地表剥蚀或出露区发生散失(如图 1-1 中 c 逸散点)。

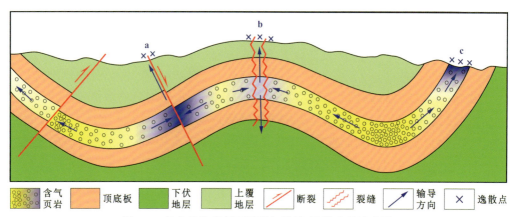

图 1-1　复杂构造背景下页岩气输导-逸散途径示意图

a. 通过张性、开启性断裂(如正断层)发生逸散；b. 通过切穿页岩与顶底板的穿层裂缝发生逸散；
c. 通过地表剥蚀出露区发生逸散

上述 3 类逸散通道均为外部构造运动引发的改造作用导致的，而这些构造作用又需以页岩系统本身作为载体。因此，页岩气的富集与保存显然受页岩自身物质基础与其所受的外部环境共同制约。同时，改造作用中伴随发生的先存页岩气藏调整与再分配是一种长期、多变的动态过程。综上所述，对页岩气富集与保存条件的评价是兼顾页岩自身属性与外部环境两方面条件对其自封闭性的动态稳定性的研究，其中涉及的影响因素十分复杂。

2. 页岩气富集保存条件评价的方法体系

页岩气富集保存条件的评价本质是对待评价的页岩发育区构造特征进行研究，评价内容主要包括前述的页岩埋藏-抬升剥露演化与构造挤压下的页岩形变破裂两方面。基于这些研究内容的本质与内涵，笔者将页岩气保存条件的评价概括为定性-半定量与定量两类，评价内容既可是对单一影响因素的分析，也是对多因素的综合讨论。

1)定性-半定量评价方法体系

该类评价工作主要基于构造地质学及非常规油气地质学理论，对影响页岩气富集保存的不同要素进行研究与评估，常见的内容与方法体系包括：①通过地层接触关系观察或低温热年代学测试等方法技术推测抬升剥蚀时限与幅度(梅廉夫等，2010；Li et al.，2020)；②借助沙箱等仿真物理模拟或平衡剖面等方法技术恢复构造演化史，厘定变形特征(孙博等，2018)，或借助地球物理、野外露头、岩芯手标本、普通薄片、微纳米 CT、场发射扫描电镜等资料及方法手段，进行多尺度断裂及裂缝观察与评价(Xu et al.，2019)；③在镜质体反射率等古温标数据约束下，利用数值模拟技术恢复页岩层剥蚀厚度、最大古埋深及热成熟演化史(包汉勇等，2018)；④利用流体包裹体及碳氧同位素等测试结果分析页岩系统古压力演化特征(Gao et al.，2017，2019)；⑤结合典型构造解剖分析，借助二维盆地模拟结果对不同构造样式下页岩气富集保存模式进行探讨(Jiang et al.，2017)。

上述方法体系的研究可以对单一要素进行解剖,以获取评价对象的属性特征,并结合该特征对页岩气保存散失的影响,开展页岩气富集保存条件的评价。

2)定量评价方法体系

该类工作主要通过多参数的定量叠合进行评价,常用参数包括页岩现今或最大埋深、热成熟度、抬升起始时间、抬升幅度、剥蚀厚度、断裂密度、褶皱翼间角、地层倾角等(程凌云等,2015;汤济广等,2015;王濡岳等,2016;杨潇,2017;余川等,2018),主要操作步骤包括:①结合待评价区及目的层实测资料情况,选取能体现其特色且满足定量评价需求的参数体系;②为各参数编制相应的参数栅格或等值线图,以类别或数值的形式实现评价参数的量化;③结合既有勘探实践或相应理论基础,为各参数建立分级标准并赋予对应的权重;④选用特定公式计算各参数联合约束下的综合评价指数;⑤综合区内或典型刻度区实际勘探成效及上述计算所得的综合评价指数,最终评定页岩气富集保存条件。

总体而言,基于不同要素的定性-半定量富集保存条件评价更偏重机理层面的探讨,而多参数叠合定量评价则更侧重于服务页岩气勘探选区工作,具有更强的应用性与预测性,但对资料依赖程度也明显更高,主观性也不可避免地更大。因此,在操作过程中应针对实际情况对评价内容及方法进行取舍,以获得更为客观、合理的页岩气富集保存条件评价结果。

3. 页岩气富集保存条件研究的主要难点及不足

自从复杂构造背景下的保存条件对页岩气富集的关键意义被证实以来,与之相关的研究是长久以来的持续性热点,更是尚未妥善解决的难点。现有工作虽已取得显著进展,但仍存在诸多不足,具体包括以下几方面。

(1)页岩气的富集保存绝非受单一或少数几种因素影响的简单问题,而是在页岩自身属性及外部变动两大方面所涉及的各要素联合制约下的复杂结果。由于牵扯因素繁多、作用形式及逻辑层次复杂,对页岩气保存本质机理的剖析也绝非易事。许多研究忽略了页岩气的保存仅与页岩系统的封闭性是否被打破有关这一事实,而是浮于对页岩气保存的表观结果,甚至是并无本质影响的因素进行探讨。同时,时常在未经深入论证或并无确凿例证的情况下,固守常规油气理论的传统思维,以至得出趋同乃至错误的认识(如构造样式对页岩气富集保存的影响等论题)。这些案例不仅无法促进对页岩气富集保存机制的探讨,更会将研究引入歧途。

(2)相较于油气系统静态要素特征的刻画,地质历史时期动态演化的重建恢复一直是油气地质学研究的难点,其主要原因是反演结果存在着多解性,以及有效手段及支撑证据的极度匮乏。页岩气的富集保存受自身与外部环境的静态要素和动态过程共同影响,而绝大多数已有研究仅涉及对静态要素的分析,要么完全缺失对动态过程的探讨,要么仅基于静态要素给出相应动态过程的定性推测,真正的反演恢复工作少之又少,严重制约了页岩气富集保存过程的研究。

(3)保存条件研究的初衷是服务于页岩气富集主控因素的分析,其最终目的是为页岩气勘探目标的选取提供依据。因此,没有预测性或者达不到勘探开发需求的保存条件研究从本质上缺乏实际意义,这也恰恰是目前部分基于钻探结果进行的"事后总结"性质的保存条件研究案例的不足之处。此外,除极少数成熟探区外,目前我国的页岩气勘探评价工作能使用的油气地质资料总体十分匮乏,具体表现为以离散井点(野外露头)的钻井、测井资料或小范围地球物理资料为主,资料分布极不均衡且密度较低。受资料情况制约,目前的页岩气富集保存条件评价工作往往尺度较小,评价方法与结果的定量性较差,尚无法很好地服务于实际勘探工作。

二、海相页岩气选区评价研究进展

1. 页岩气选区评价的思路及方法

与常规油气一样,为寻找有利的靶区,页岩气勘探开发工作同样需进行一系列选区评价流程。由于我国页岩气资源在海相、海陆交互相、陆相页岩层系均有分布,因此需根据沉积相划分选区评价对象(邹才能,2013)。其中,我国海相页岩气选区评价工作始于2008年,长期实践工作揭示其地质地表特征与国外探区存在显著差异,促成了我国海相页岩气选区评价在发展历程、参数与标准、方法手段等方面的特殊性。总体而言,我国海相页岩勘探开发经历了远景区→有利区→目标区→工程甜点区的4个层次的选区评价过程。勘探初期资料缺乏,仅能满足远景区选区评价精度要求,后期勘探开发资料不断增加,依次满足有利区、目标区、工程甜点区的选区评价工作。不同地区所经历的选区评价过程不同,如长宁、威远、涪陵焦石坝等地区经历了完整的过程,而多数地区选区评价还处于远景区、有利区、目标区评价层次(张虎和甘辉,2019)。现有海相页岩气选区评价工作主要分为以下3种选区评价思路。

1)仅考虑页岩富集地质条件

程克明等(2009)以上扬子地区下寒武统黑色页岩为例,通过油气地质与地球化学要素相结合的分析方式,探究了研究区页岩气富集地质条件,认为研究区页岩气成藏有利区域为构造区域稳定的川东南、黔北及湘鄂西地区。王世谦等(2009)通过对比中美页岩差异,在参考美国页岩气勘探实例的基础上,结合我国页岩特性,建立了一套适合海相页岩选区的评价标准。其中,关键参数有页岩有机质丰度、有机质成熟度、泥页岩有效厚度、页岩矿物组成、储集层物理化学性质、页岩可改造性等。李建青等(2014)同样在参考北美页岩气勘探实例基础上,以我国南方海相页岩为研究对象,对页岩气富集关键因素予以剖析,最终提出了适合我国南方海相页岩选区的评价标准,此标准在后续勘探中也得到较好的评价。杨宁等(2014)从有机地球化学特征、孔隙-裂缝特征等方面对湘西北地区下志留统龙马溪组页岩进行研究,建立了以页岩平均厚度、总有机碳含量、干酪根类型、有机质成熟度及孔隙度为指标的页岩气选区评价标准,并预测张家界—桑植—永顺一带为有利区域。李军亮等(2016)在研究柴达木盆地泥页岩的基础上,建立了以泥页岩有机质丰度、有机质成熟度、脆性矿物含量及埋深为参数的页岩气区域选区评价体系。张鉴等(2016)在分析四川盆地寒武系和志留系暗色页岩矿物组分、有机质丰度、孔渗特征及含气量特征基础上,建立了页岩气选区评价标准。

2)兼顾页岩气富集地质因素与工程开发条件

国外石油公司基于勘探开发经验提出了一系列页岩气选区评价指标。斯伦贝谢公司于2006年确定了页岩气开发的下限指标(Patella,2020),分别为:①孔隙度大于4.0%;②有机碳含量大于 2.0%；③渗透率大于 $100 \times 10^{-3} \mu m^2$。阿莱恩斯资源公司[Alliance Resource Partners,L. P. (ARLP)]2010 年对页岩气核心产区标准予以界定(陈尚斌等,2010)：①总有机碳含量大于 2.0%；②较高的地层压力系数；③(等效)镜质体反射率大于 1.1%；④总孔隙度大于 3.0%。美国地质调查局通过总结多年来页岩气勘探开发经验,制定了一套适合美国页岩气区域选区评价准则(Vengosh et al.,2014)：①总有机碳含量大于 2.0%；②有机质类型主要为Ⅱ型；③镜质体反射率大于 1.1%；④热成因气；⑤基质孔隙度大于 4.0%；⑥低含水饱和度；⑦含硅质矿物及碳酸盐岩；⑧异常高压并伴有微裂缝；⑨泥页岩有效厚度大于 15m；⑩易于压裂。

随着我国页岩气勘探程度不断加强,我国学者也逐渐开展建立地质-开发因素页岩气选区评价标准的工作。李延钧等(2011)针对含油气区块的资源评价,从生气能力、储气能力和易开采性 3 个方面进行评价,优化了资源评价体系,提出 6 个参数的评价标准。李武广和杨胜来(2011)针对含油气区块的对比评价,从资源地质条件和开发利用条件两个方面共 14 个细化指标进行评价。范柏江等(2011)针对含油气区块的对比评价,从地质条件和开发利用条件两个方面着手,对评价指标进行打分,然后用非线性加权综合法进行评价,其方法强调各指标大小的一致性。任垒等(2012)通过对美国页岩气勘探实践的调研,对页岩储层生储气能力及页岩气可开采性展开分析,最终选择出有机质丰度、有机质成熟度、泥页岩有效厚度、矿物组成、孔渗特征及埋深等页岩气选区评价关键因素。刘超英(2013)针对盆地规模或含油气区带,从页岩气富集概率及资源价值两个方面进行参数筛选,从生烃、赋存、可采 3 个因素入手,优选有效参数,结合勘探程度的不同,针对特定对象优选参数,该方法考虑了概率因素。任东超等(2017)通过对威远地区筇竹寺组页岩储层研究,确定了以泥页岩单层厚度、有机质丰度、有机质成熟度、有机质类型、脆性矿物含量及可压裂性为要素的页岩气地质-工程条件评价体系。

3)综合考虑地质、工程、环保、经济等要素

王世谦等(2013)认为页岩气选区评价不仅要重视对页岩气保存条件的评价,同时需兼顾钻井等工程技术条件,更需综合考虑水资源、地面管网设施以及开发经济性等诸多方面的挑战。郭秀英等(2015)认为页岩气开发不仅要考虑地下地质情况,为了开发工程可以实施,还要考虑地表条件,如坡度、管道架设、水源等因素。肖正辉等(2015)对页岩气勘探潜力影响因素逐一分析,并结合下寒武统牛蹄塘组页岩地质特征,认为页岩有机质丰度、有机质成熟度、泥页岩有效厚度、页岩脆性、储层物性、勘探区域地形条件、交通条件及水资源状况等为影响页岩气勘探潜力的重要因素。吴林强等(2019)认为页岩气选区评价除地质条件及经济因素外,还应注重生态环境保护,需在生态红线外进行页岩气勘探开发。

基于上述思路,我国选区评价主要形成了综合信息叠合法、权重系数法、地震属性预测法 3 种评价方法。每种方法都有其适用范围、优缺点(张虎和甘辉,2019),前两种方法主要用于远景区、有利区、目标区的优选,地震属性预测法主要针对工程甜点区。综合信息叠合法根据评价参数的分布特征,采用多参数叠加选择目标区域。权重系数法通过赋予每个参数对应的权重实现分级,而后进行无量纲化处理,最后利用某种数学方法得到综合评价系数,根据系数的大小分级,得到不同级别的目标区。地震属性预测法是采用地震的手段预测各属性参数,

选择合适的页岩气选区评价标准,最后选用前两种评价方法中的任意一种进行相应的区块优选。

2. 现有页岩气选区评价工作存在的问题

现有的页岩气选区评价工作多为针对含油气盆地、区带以及区块间的类比分析,需评价的目标区块的勘探程度同样有高有低,其页岩气富集保存主控因素各异。选区评价工作中使用的方法众多,不同方法的原理及适用条件各不相同,往往需要进行组合使用。因此,多数页岩气选区评价研究涉及因素众多,工作量大,开展困难且结果不佳。总体而言,现有的页岩气选区评价存在3个方面的突出问题。

1)评价尺度小,参数获取难度大

目前的页岩气选区评价高度依赖实钻、油气地质测试资料,多适用于勘探程度高、以开采目标为主的成熟探区,总体评价尺度小,同时难以在大范围、资料匮乏的低勘探程度区域开展。

2)评价定量性弱

受资料获取难度大制约,目前的页岩气地质评价涉及的指标参数多以定性-半定量参数为主,其中页岩气保存条件评价尤其依赖定性推测,极度缺乏便于获取的定量评价指标。

3)评价综合性差

多数选区评价研究多基于地质、工程等单一角度进行评估,无法实现综合评价,绝大多数研究更忽视了对生态环境保护需求、经济因素的兼顾。

第三节 研究内容与创新特色

一、研究内容与技术路线

基于上述研究现状,本书开展了4个方面内容的研究工作,其研究流程及技术路线如图1-2所示。

1. 富有机质页岩的物质基础及埋藏演化特征

(1)收集区内钻井及野外剖面资料,在"点—线—面"思路指导下,开展典型井(点)、连井剖面与平面沉积相的编图工作,确定龙马溪组富有机质页岩优质层段的空间分布及沉积相;基于钻井及野外剖面实测资料,在区域地质图的约束下,编制龙马溪组富有机质页岩残余厚度与有机质丰度平面图,评价其烃源条件。

(2)基于实测矿物含量数据,分析富有机质页岩的全岩矿物组成及岩相,推测不同矿物组分的平面展布;对不同岩矿组成的钻井页岩样品进行三轴压缩岩石力学实验,测取各组样品在不同围压下的抗压强度值;通过对比实测强度值与对应的页岩矿物含量测试结果,获取页岩矿物组成与其力学性质的相关关系。

(3)收集整理研究区及周缘地区基于低温热年代学测试的热史路径模拟成果,推测不同

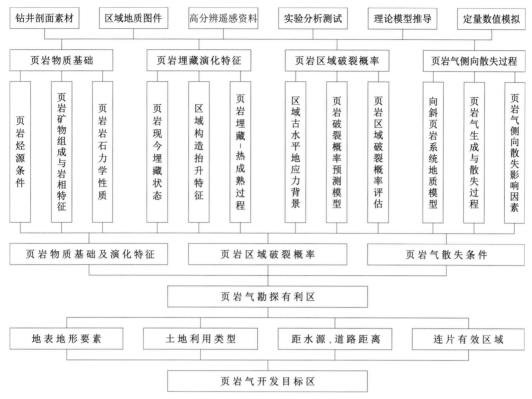

图 1-2 本书主要研究内容及技术路线示意图

构造部位抬升剥露的起始时间与演化历程,展现其时序面貌。

(4)以区域构造抬升时序研究为基础,在实测现今地温及古温标数据约束下,对区内典型钻井的埋藏史、热成熟史进行模拟,恢复各井(点)龙马溪组富有机质页岩的埋藏历程。基于模拟结果,获得不同构造位置的页岩有机质成熟度与其经历的最大古埋深的相关关系,推测页岩在抬升前的埋藏状态及总剥蚀厚度。

2. 页岩区域破裂特征

(1)收集整理文献中报道的区域古地应力值测试结果,并于研究薄弱区补充露头岩样进行声发射测试,测取古最大水平有效应力值;综合前人与本次研究的测试结果、主干断裂发育位置及实测出露地层倾角值,确定不同构造分区的古最大水平有效应力状态;基于实测地应力资料确定区内现今地应力特征。

(2)综合古今地应力研究成果,基于经典力学理论建立强构造挤压期及抬升剥蚀期的页岩区域破裂判别模型;依托该模型,以页岩岩石力学参数、古今地应力、埋藏-流体压力背景等成果为基础,推测不同区域页岩的破裂概率。

3. 向斜背景下页岩气侧向散失过程模拟

(1)选取区内典型向斜构造,以地震、钻井资料为基础,在定量恢复构造演化史的基础上,建立相应的页岩气地质模型。

(2)利用二维盆地模拟技术,恢复向斜背景下页岩系统内烃类生成→输导→聚集/散失的动态过程;通过改变页岩自最大埋藏以来的抬升总时长及页岩地层产状,分别模拟不同抬升总时长、不同地层倾角下页岩气输导→逸散过程,对比探讨抬升总时长及地层倾角对页岩气侧向散失的影响。

4. 页岩气区域定量选区评价

(1)综合上述各研究成果,选取页岩物质基础及演化特征、页岩区域破裂概率和页岩气侧向散失条件3个方面共9类参数,对研究区龙马溪组页岩气富集保存条件进行定量评价,圈定页岩气勘探有利区。

(2)对选定的勘探地质有利区,依托地理信息系统及遥感数据,以地表地形要素、土地利用类型、距水源与距道路距离及连片有效区域4类指标,进一步对影响页岩气开发的地表条件进行定量评价,并基于地质-地表联合评价结果最终圈定页岩气开发目标区。

二、研究特色与创新认识

通过完成上述内容工作,本书取得了以下3个方面的创新认识。

(1)建立了页岩岩石力学强度与其黏土矿物含量的定量关系;评估了受古今地应力场、埋藏及地层流体压力状态等影响的页岩外部应力状态;提出了由上述页岩内在力学性质及外部应力状态联合控制的力学模型,并依托该模型定量推测了页岩在强构造挤压及抬升剥蚀过程中的破裂概率。

(2)建立了可用于定量恢复向斜背景下页岩系统内烃类生成→输导→逸散过程的高精度油气地质模型;基于该模型,定量探讨了剥蚀抬升总时长及地层倾角对向斜背景下页岩气侧向散失作用的影响。

(3)基于影响页岩气富集保存的3类地质因素指标及影响页岩气工程开发的4类地表因素指标,建立了页岩气区域选区定量评价的方法体系。

第二章 页岩发育的地质背景

第一节 研究区地质概况

一、大地构造位置及构造分区

研究区位于川东南至武陵山一带,地处扬子板块中部,属四川盆地与江南雪峰隆起间的过渡区域(图2-1a),是我国下古生界海相页岩气尤其是龙马溪组页岩气的主力勘探开发区域,集中了目前绝大多数具有地质及商业发现的页岩气探井与生产井(图2-1b)。

自四川盆地向雪峰隆起方向发育多条NE-SW向区域性质的大型逆冲断裂带(图2-1b),其中华蓥山断裂带(F1)、齐岳山断裂带(F2)是四川盆地中部隆起区、盆缘断褶皱带及盆外断褶带的边界;慈利-保靖断裂带(F5)及安化-溆浦断裂带(F6)则分别是江南-雪峰隆起与湘鄂西断褶带、湘中-湘东北坳陷区的界线。上述4条一级区域断裂带,连同建始-彭水-金沙-赫章断裂带(F3)与鹤峰-来凤-石阡-安顺断裂带(F4)两条二级区域断裂带,将研究区分隔为川中隆起带(Ⅰ)、川东南隔档冲断褶皱带(Ⅱ)、鄂渝对冲过渡构造带(Ⅲ)、湘鄂西隔槽冲断褶皱带(Ⅳ)及雪峰西缘基底穹隆构造带(Ⅴ)5个主要构造单元(图2-1b)。这些区域性主干断裂带以倾向NE为主,倾角普遍大于40°,局部近直立;断裂产状自地表向深部逐渐变缓,最终汇聚于区域主滑脱层之上,在剖面上呈现地壳尺度的叠瓦式逆冲断层之特征(图2-1c)。

区内各构造单元自南向北逐步由NNE走向转为NE走向,在平面上构成了一个NW向凸出的弧形构造带。野外地质调查的分析表明,本区整体可划分为两大褶皱系统,即川东南地区的薄皮变形单元和武陵山地区的厚皮变形单元,二者以齐岳山断裂带(F2)为界(图2-1b)。研究区西部四川盆地内缘发育典型的隔档式褶皱,由古生界—中生界构成;褶皱带内宽缓向斜的核部主要出露侏罗系,紧闭背斜的核部以二叠系为主;背斜核部时见逆冲断层,顺断层向下会聚于主滑脱面之上,属于典型的薄皮构造变形单元。东部四川盆地外缘至慈利-保靖断裂带(F5)一线,变质基底卷入古生代地层的变形,属典型的厚皮变形构造单元;褶皱带内的宽缓背斜以新元古界—奥陶系为主,紧闭向斜核部主要由中生界构成,褶皱轴面多陡立,略有SE向倾斜之趋势。

二、区域地层与沉积充填特征

研究区元古宇、古生界、中生界及新生界均有出露(图2-1、图2-2)。虽在不同地区存在一

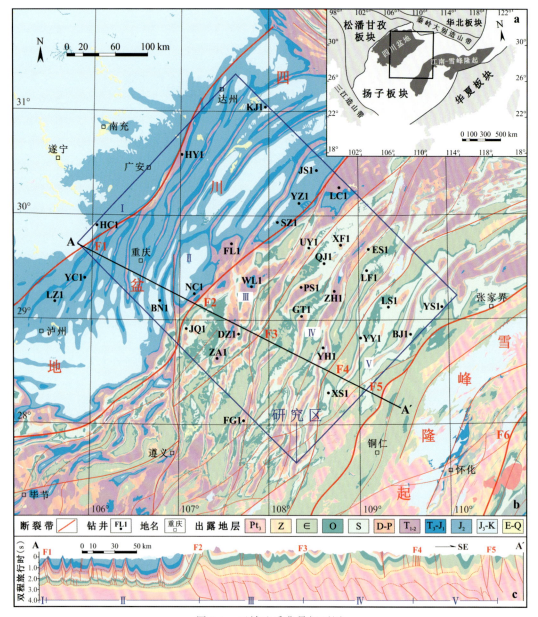

图 2-1 区域地质背景概要图

a.研究区大地构造位置；b.区域构造分区及出露地层；c.主干地震剖面

[构造分区修改自金宠(2010)与张国伟等(2013)；典型剖面修改自贾小乐(2016)]

构造单元：川中隆起带（Ⅰ）、川东南隔档冲断褶皱带（Ⅱ）、鄂渝对冲过渡构造带（Ⅲ）、湘鄂西隔槽冲断褶皱带（Ⅳ）、雪峰西缘基底穹隆构造带（Ⅴ）；断裂带：华蓥山断裂带（F1）、齐岳山断裂带（F2）、建始-彭水-金沙-赫章断裂带（F3）、鹤峰-来凤-石阡-安顺断裂带（F4）、慈利-保靖断裂带（F5）、安化-溆浦断裂带（F6）

定差异（图 2-3），但总体上震旦统—中三叠统以海相碳酸盐岩和泥页岩沉积为主，上三叠统—第四系以陆相碎屑岩沉积为主。

第二章 页岩发育的地质背景

地质纪年 (Ma)	演化阶段	构造事件	区域应力背景	地层单元		地层厚度 (m)	地层岩性
第四纪 66.0	新特提斯期	喜马拉雅运动	挤压背景	第四系	Q	0~200	
白垩纪 145.0				夹关组	$K_2 j$	0~1000	
侏罗纪 163.0 174.0		燕山运动		蓬莱镇组	$J_3 p$	1200~1800	
				遂宁组	$J_3 s$	200~400	
				沙溪庙组	$J_2 s$	1000~1400	
				新田沟组	$J_2 x$	50~100	
201.0			伸展背景	自流井组	$J_{1-2} zl$	200~300	
				珍珠冲组	$J_1 z$	100~150	
三叠纪 242.0 247.0 252.0	古特提斯期	印支运动	挤压背景	须家河组	$T_3 x$	400~550	
				雷口坡组	$T_2 l^4$	250~450	
					$T_2 l^3$	300~450	
					$T_2 l^{1-2}$	150~200	
				嘉陵江组	$T_1 j^{4-5}$	250~350	
					$T_1 j^{1-3}$	300~600	
			伸展背景	飞仙关组	$T_1 f^4$	400~600	
					$T_1 f^{1-3}$		
二叠纪 298.9		东吴运动		长兴组	$P_3 c$	50~200	
				龙潭组	$P_3 l$	50~200	
				茅口组	$P_2 m$	200~300	
				栖霞组	$P_2 q$	100~150	
				梁山组	$P_1 l$	0~10	
石炭纪 419.0		云南运动	挤压背景	黄龙组	$C_2 h$	0~500	
志留纪 443.8		加里东运动		韩家店组	$S_2 h$	200~600	
				小河坝组	$S_1 x$	150~350	
				龙马溪组	$S_1 l$	100~400	
				五峰组	$O_3 w$	3~10	
奥陶纪 485.4				临湘组	$O_3 l$	20~60	
				湄潭组	$O_2 m$	100~400	
				红花园组	$O_1 h$	10~80	
				桐梓组	$O_1 t$	100~200	
寒武纪 541.0	原特提斯期			娄山关群	$\in_{3-4} L$	550~650	
				高台组	$\in_3 g$		
				龙王庙组	$\in_2 l$	200~700	
				沧浪铺组	$\in_2 c$	50~300	
				筇竹寺组	$\in_{1-2} q$	400~900	
前寒武纪 635.0 800		桐湾运动 澄江运动 晋宁运动	伸展背景	灯影组	$Z_2 dy$	400~1200	
				陡山沱组	$Z_2 ds$	0~400	
				南沱组	$Z_1 n$	80	
				莲沱组	$Z_1 l$	200~1000	
				板溪群	$Pt_3 B$		

图例: 不整合、岩性、页岩、泥岩、砂岩、砾岩、膏岩、灰岩、泥灰岩、鲕粒灰岩、白云岩、冰碛岩、变质砂岩、板岩、岩浆岩

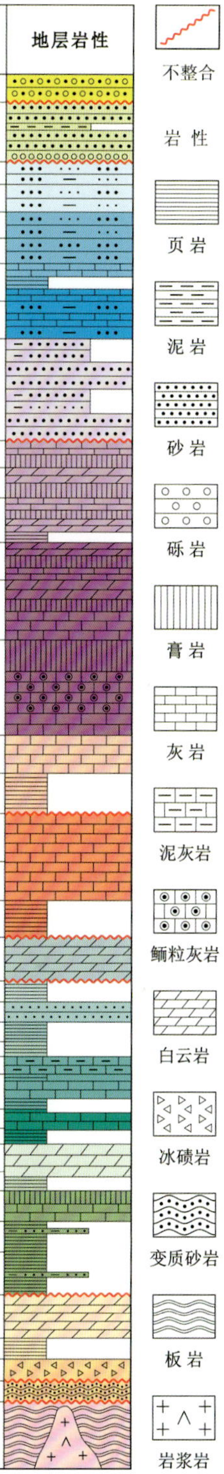

图 2-2 研究区构造–沉积综合柱状图（地层岩性修改自 Li et al., 2015）

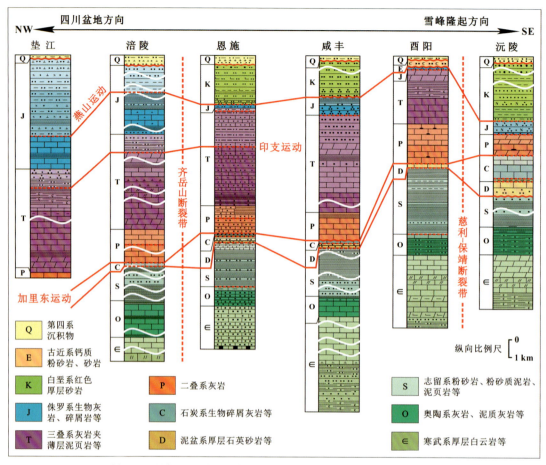

图 2-3　研究区不同地区代表性地层柱状图（修改自王宗秀等，2019）

震旦系包括下震旦统莲沱组、南沱组，上震旦统陡山沱组、灯影组，发育序列完整。莲沱组为粗碎屑岩，含较多凝灰质成分；南沱组为由块状冰碛岩构成的冰川泥砾沉积；陡山沱组总体以泥岩沉积为主，底部和顶部分别为白云岩和含胶磷矿结核砂质泥岩；灯影组以白云岩夹硅质岩为主，岩性较为单一。

寒武系由筇竹寺组、沧浪铺组、龙王庙组、高台组和娄山关群构成。筇竹寺组分为上、下两段，在不同地区分别对应牛蹄塘组、水井沱组和郭家坝组等。下段沉积于深水陆棚相环境，为黑色碳质页岩和硅质页岩，含磷结核黏土岩层、磷块岩矿层，局部发育铝、镍多金属矿层；上段随着海平面下降含氧量增加，沉积于浅水陆棚相环境，为灰绿色页岩夹粉砂质页岩，砂质含量增多。沧浪铺组和龙王庙组以灰绿色页岩和粉砂质页岩为主。高台组和娄山关群为浅灰色—灰白色白云岩。

奥陶系的下、中、上 3 个统均发育，下奥陶统包括桐梓组、红花园组，中奥陶统包括湄潭组，上奥陶统包括临湘组和五峰组。五峰组主要为富有机质和笔石的黑色碳质页岩，厚度 1～9m，中间夹有薄层斑脱岩，水平层理发育，反映其沉积期水体平静，水动力条件较弱。此外，层内还发现了大量硅质海绵骨针、放射虫和浮游型笔石化石，底栖生物化石较少，指示了深水相沉积环境。观音桥段位于五峰组和龙马溪组的页岩层之间,与上、下地层呈整合接触,主要为一套厚度较薄的生物灰岩,沉积于水体变浅的富氧环境,发育生物潜穴和扰动构造等浅水生物遗迹。

志留系的中、下统较为完整,下志留统包括龙马溪组和小河坝组,中志留统为韩家店组,上志留统受广西运动影响缺失。龙马溪组在川东、黔北和湘西北等地区广泛分布,下段主要为发育黄铁矿的富有机质黑色碳质页岩,可见大量浮游型笔石、放射虫和硅质海绵骨针化石,底栖生物化石罕见,整体表现为深水陆棚相沉积环境;上段主要为深灰色钙质页岩和灰绿色粉砂岩,砂质含量逐渐增加,笔石化石较为丰富,可见稀疏分布的三叶虫、腕足类、珊瑚等化石,反映当时为浅水沉积环境。小河坝组为灰绿色粉砂岩夹页岩。韩家店组为一套灰白色白云岩。

泥盆系在研究区大多被剥蚀,仅在少部分地区可见残留的台地相碳酸盐岩和滨岸相碎屑岩,含有丰富的滨浅海生物化石。

石炭系主体地层同样缺失,仅残存以角砾状白云岩夹生物碎屑灰岩为主的上石炭统黄龙组。

二叠系的下统大部分在研究区缺失,中、上统则完整保留。下二叠统梁山组为页岩,发育较少。中二叠统包括栖霞组和茅口组,上二叠统包括龙潭组和长兴组。栖霞组以含燧石团块的深灰色—灰色厚层状灰岩和生物碎屑灰岩为主。茅口组下部以深灰色厚层状生物碎屑灰岩和有机质页岩为主,中部以灰色—浅灰色厚层状灰岩、生物碎屑灰岩和含燧石结核灰岩为主,上部以浅灰色厚层状灰岩为主,顶部发育含燧石结核或者薄层硅质岩。龙潭组为夹煤层和粉、细砂岩的灰黑色—黑色碳质和砂质泥页岩,局部地区为泥页岩中夹硅质灰岩。长兴组下部发育夹少量黑色钙质页岩的灰色、深灰色厚层灰岩和生屑灰岩,中、上部为含燧石结核的灰白色中厚层条带灰岩和白云质灰岩。

三叠系在研究区广泛发育,包括下三叠统飞仙关组和嘉陵江组、中三叠统雷口坡组及上三叠统须家河组。飞仙关组主要为夹少量泥质和介屑灰岩的紫灰色—紫红色页岩;嘉陵江组为夹白云质灰岩的灰色—浅灰色薄—中厚层状灰岩和生物碎屑灰岩;雷口坡组为夹盐溶角砾岩和砂质泥岩的灰色薄—厚层状灰岩,含石膏、岩盐;须家河组为夹煤层和含菱铁矿结核的互层状砂岩、粉砂岩和页岩。

侏罗系同样较为完整,包括下侏罗统珍珠冲组和下—中侏罗统自流井组,中侏罗统新田沟组、沙溪庙组和上侏罗统遂宁组、蓬莱镇组。珍珠冲组为粉砂质泥岩夹灰岩。自流井组为深灰色—灰黑色泥页岩和碳质泥页岩,中夹煤层、介壳灰岩和生物碎屑灰岩。沙溪庙组下段呈紫红色,少数为灰绿色,局部由含钙质团块的泥岩和黄灰色—紫灰色长石石英砂岩互层组成;上段由含较多钙质团块,偶夹泥灰岩的暗色泥岩和颜色混杂、长石含量较高的砂岩互层组成。遂宁组下段为夹少量灰绿色—灰白色—紫红色细砂岩和粉砂岩的鲜红色—棕红色砂质泥岩及泥岩;上段为细粒长石石英砂岩与泥岩互层。蓬莱镇组下段为砂岩与粉砂岩、泥岩互层;中段主要为夹细砂岩和粉砂岩的紫红色泥岩;上段主要为夹灰色细砂岩及灰绿色—黄绿色页岩的紫红色、鲜红色泥岩和粉砂岩。

白垩系在研究区内零星发育,为陆相红层沉积,分为上、下两段:下段为砖红色厚层块状不等粒长石石英砂岩,上段为砖红色薄层至中厚层状泥质岩屑长石砂岩和砖红色—紫红色泥岩互层。第四系主要为未固结松散的砾石层、砂层、粉砂质黏土层和黏土层。

三、主要构造与沉积演化阶段

研究区所处的扬子板块受多期构造运动叠加影响,改造作用复杂、类型多样,按其演化特征可分3个巨型伸展—收缩—转化旋回(图2-2),包括早古生代的原特提斯扩张—消亡旋回(扬子—加里东旋回)、晚古生代—三叠纪的古特提斯扩张—消亡旋回(海西—印支旋回)及中生代—新生代的新特提斯扩张—消亡旋回(燕山—喜马拉雅旋回)。以中生代印支运动末期为分界点,之前为海相盆地的原型建造阶段,之后为海相盆地的改造阶段。

1. 海相盆地的原型建造阶段

研究区海相盆地的原型建造经历了受原特提斯洋演化控制的早古生代(扬子—加里东旋回)和受古特提斯洋演化控制的晚古生代—三叠纪(海西—印支旋回)两大阶段。

元古宙中期受晋宁运动的影响,扬子板块与华夏板块拼合形成了华南古陆。新元古代早期至早寒武世华南古陆沿晋宁期缝合带不断裂解、扩张,洋盆扩张在早寒武世达到鼎盛,此时扬子板块的东南缘与北缘发育了大陆边缘盆地,沉积了下寒武统黑色页岩层系。中奥陶世晚期,洋盆开始收缩,地处扬子板块东南缘的华夏板块率先开始向扬子板块俯冲,进行拼贴造山。晚奥陶世,扬子板块的北缘也开始由南向北俯冲,同样导致了强烈造山作用。志留纪末期,造山隆起区沿SE-NW向逐渐迁移扩展至扬子板块内,导致了大规模的区域性隆升。

泥盆纪至早石炭世扬子板块北部为持续性挤压碰撞背景,形成了东西向狭长展布的前陆盆地。受加里东期的造山运动影响,上扬子板块大部分地区隆升为陆,未接受沉积。晚石炭世—中二叠世古特提斯洋发生扩张,中上扬子地区开始转入台内坳陷发展阶段,南缘和北缘分别形成被动大陆边缘,并在龙门山一带形成裂陷槽。中二叠世末印支运动引发了陆内造山运动,研究区开始由海相环境向陆相环境转变。此时,扬子板块受来自四周的挤压应力围限,形成了隆坳相间的格局,表现为周缘地区发生断褶隆升,由被动大陆边缘变为陆内造山带。板内腹地除开江—泸州一带为古隆起外,主体为相对稳定的坳陷区。

2. 海相盆地的改造阶段

此阶段中,扬子地块进入了与新特提斯洋密切相关的伸展—聚敛旋回(燕山—喜马拉雅旋回),可进一步划分出两个主要的构造演化阶段。第一个为侏罗世早期的伸展阶段,该期研究区主要为大型的克拉通内坳陷盆地,接受以陆相碎屑岩为主的沉积岩。第二个为挤压阶段,古太平洋板块自晚侏罗世开始向欧亚板块俯冲,使中国南方遭受强烈的挤压和走滑作用,导致褶皱、逆冲断层等高陡变形广泛发育。晚白垩世至古近纪受新特提斯洋俯冲消减影响,上扬子地块西部遭受强烈的挤压作用,块体拼合形成大量弧形断褶带。新近纪印度板块与欧亚板块发生陆陆碰撞,同时太平洋板块沿亚洲东部大陆边缘向欧亚板块俯冲,仅四川盆地东缘接受少部分沉积,表明研究区整体处于挤压隆升的构造环境。

第二节　页岩发育背景及沉积学特征

一、龙马溪组沉积期的古地理背景

受加里东运动影响，上扬子地块在晚奥陶世—早志留世处于挤压背景，周缘开始发育众多隆起，如南部黔中隆起、东南部雪峰隆起和西北部川中隆起等。与此同时，受全球海侵的影响，地台内部被上述古隆起围限的区域则变为大面积低能、欠补偿且缺氧的深水陆棚沉积环境，沉积了上奥陶统五峰组—下志留统龙马溪组黑色泥页岩。在五峰组—观音桥段下部海侵体系域发育期，研究区为深水陆棚的静水闭塞的厌氧环境，海平面迅速上升（图2-4a）。受全球冰期的影响，海平面在高位体系域发育期骤降，区内沉积环境转为富氧的浅水陆棚沉积（图2-4b）。而在龙马溪组一段海侵体系域发育期，海平面受到全球变暖的影响迅速上升，研究区转为厌氧—贫氧的深水陆棚（图2-4c）。早期高位体系域发育期，海平面下降，研究区转变为贫氧—富氧环境（图2-4d）。晚期高位体系域发育期，海平面持续下降，水体以富氧环境为主（图2-4e）。

五峰组富有机质黑色页岩分布稳定，厚度一般小于10m，且与上覆龙马溪组黑色页岩连续发育，故而在本研究区将五峰组—龙马溪组黑色页岩视作一个统一的地层单元进行讨论，并统称为龙马溪组页岩。

二、富有机质页岩发育的垂向层段

作为集烃类来源与储集空间于一体的独立油气系统，富有机质页岩是页岩气藏的唯一载体，也是页岩气选区评价中需要聚焦关注的研究对象。区域地质调查及实际钻探资料揭示，研究区龙马溪组地层总厚度可达300m以上，地层岩性组合、矿物组成及油气地质条件在垂向上均呈现显著的非均质性。为展现龙马溪组富有机质页岩物质基础及实测含气性的空间分布特征，研究首先优选了区内最为典型的两口钻井，即齐岳山断裂带以西涪陵焦石坝地区的FL1井和齐岳山断裂带以东彭水地区的PS1井进行讨论。上述两口钻井均为全井段取芯，钻、测井及各类分析测试资料齐全，是研究龙马溪组富有机质页岩特征的绝佳素材。

基于FL1井与PS1井岩性组合与测井响应的纵向分布特征（图2-5和图2-6，井位见图2-1），可将龙马溪组自下至上分为龙一段（龙马溪组一段）、龙二段（龙马溪组二段）及龙三段（龙马溪组三段）。根据实测有机质丰度、矿物组成及含气性特征，则可进一步将底部的龙一段地层分为3个亚段，以FL1井为例，具体划分方案如下（图2-5）。

龙一段一亚段（总厚度38m，深度区间2378～2416m）：最下部为黑色碳质、硅质页岩，厚度为6m。该段存在3个伽马高值（最高307.43API），其上发育介壳灰岩或灰质泥岩，厚度仅0.1～0.3m。上部主要为碳质页岩，可见粉砂质夹层。总体测井响应表现为伽马值高（均值为181.61API）、放射性铀高（均值为12.81API）、密度值较低（均值为2.53g/cm³）、钍/铀比低（普遍小于2）及电阻率较低（均值仅1.26Ω·m）。

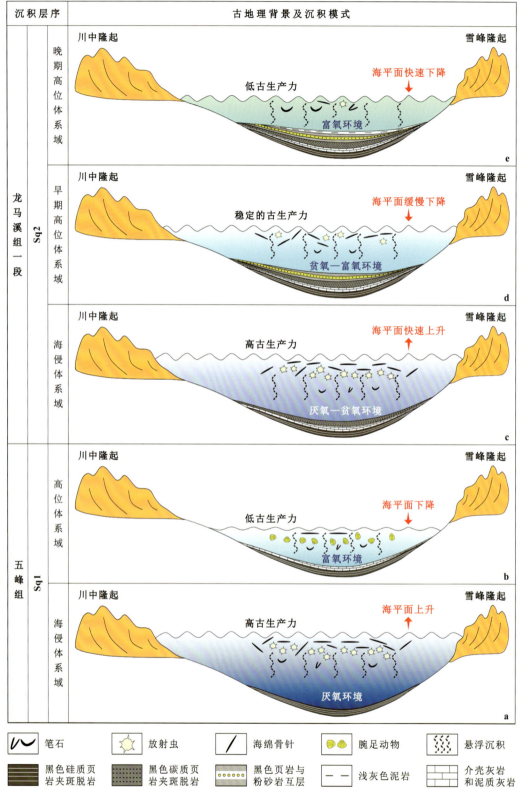

图 2-4　研究区五峰组—龙马溪组一段页岩层序地层演化模式（修改自郭旭升，2017）

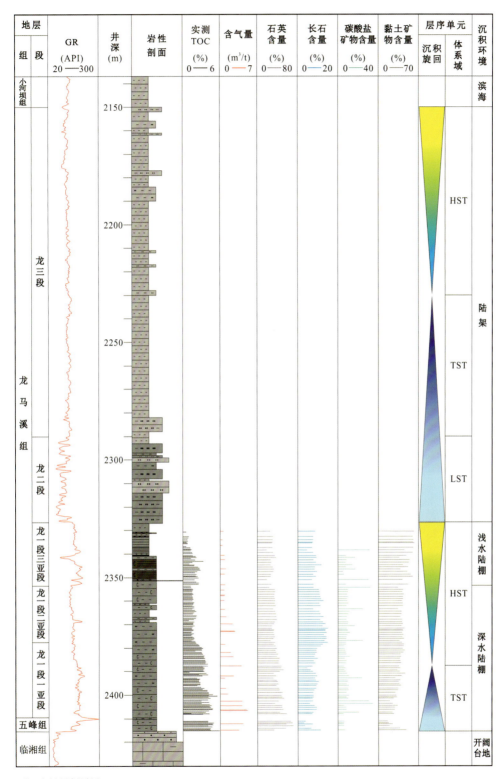

注：岩性图例同图2-2。

图2-5　FL1井龙马溪组地层综合柱状图

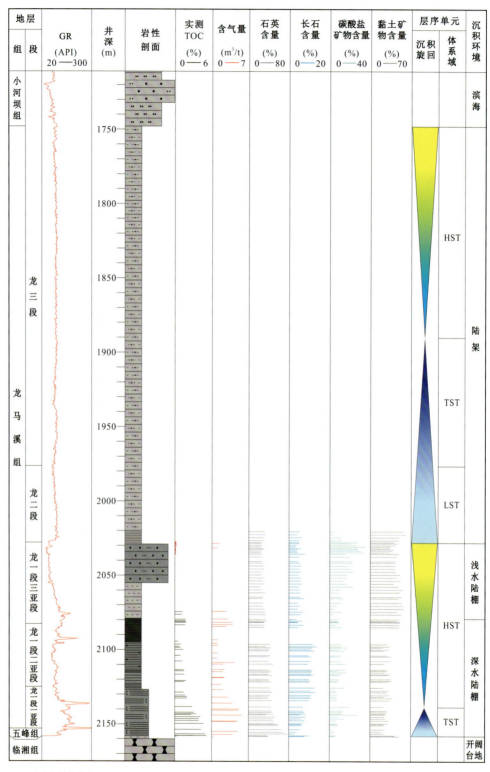

注：岩性图例同图2-2。

图2-6 PS1井龙马溪组地层综合柱状图

龙一段二亚段(总厚度24m,深度区间2354~2378m):本段地层为较为均一的粉砂质泥岩及泥质粉砂岩,可见薄层碳质页岩夹层。总体测井响应表现为密度值较高(均值为2.63g/cm^3)、电阻率较高(均值仅2.40Ω·m)、钍/铀比高(普遍大于2)、伽马值较低(均值为151.24API)及放射性铀低(均值为7.23API),电阻率、自然伽马及三孔隙测井曲线均呈箱状。总体砂质含量较龙一段一亚段明显上升。

龙一段三亚段(总厚度27m,深度区间2327~2354m):下段主要发育灰色碳质泥岩,夹灰质、粉砂质泥岩,其电阻率及自然伽马曲线呈指状特征;上段主要发育灰黑色含碳质粉砂质泥岩。总体测井响应表现为伽马值高(均值为170.22API)、密度值较高(均值为2.66g/cm^3)、钍/铀比高(普遍大于2)、放射性铀低(均值为8.24API)及电阻率较低(均值为2.47Ω·m),声波及中子孔隙度同样较低。

总体而言,龙马溪组形成于深水陆棚过渡至浅海陆架的沉积背景,自下至上呈现出水体变浅、沉积物粒度递增的趋势。上部龙二段、龙三段地层以泥岩、泥质粉砂岩等贫有机质层段为主,实测有机质丰度极低,含气性亦极差。

富有机质页岩主要发育于底部龙一段内。如FL1井龙一段页岩TOC含量平均值可达2.5%,其中一亚段TOC含量最高,普遍大于2.0%,二亚段与三亚段TOC含量则相对较低,平均值仅为1.65%及1.69%(图2-5)。相应地,自一亚段至三亚段内自生石英含量及脆性度也呈向上逐步降低的趋势,黏土矿物含量则依次增大,页岩岩相也由优质页岩优势岩相——富泥硅质页岩与富硅(泥)混合质页岩(吴蓝宇等,2016),变为黏土含量偏高的富硅泥质页岩(图2-7)。

据此,具有工业价值的富有机质页岩应是发育于五峰组内及龙一段底部一亚段的页岩地层,这与实测含气量的结果相吻合(图2-5、图2-6)。该页岩地层也是本专著中龙马溪组页岩气选区评价的研究对象。

三、富有机质页岩沉积相的空间展布

在确定了富有机质页岩的纵向分布后,本次研究收集汇总了区内钻遇龙马溪组的钻井及典型野外露头的相关资料,基于地层岩性组合及测井响应特征的纵向变化,对各井(点)的龙一段地层进行了细分,以确定其内3个亚段的纵向区间。其中,着重选取了3条NW-SE向贯穿研究区的主干廊带剖面(图2-8~图2-10,钻井位置见图2-1),借此厘定全区富有机质页岩发育的古环境。

各井(点)上的沉积特征指示龙马溪组顶底部均发育不整合,底部界面反映了晚奥陶世和早志留世之交的重大转折,属冰期后海平面快速上升形成的区域性的淹没不整合界面。龙一段顶面为与龙二段地层的分界线,形成于广西运动。其间,周缘古陆隆升作用剧烈,致使陆源碎屑沉积体系以输入占主导,形成强制性海退不整合面。上述顶底界面间的龙一段地层形成于陆棚沉积环境,沉积充填总厚度介于90~150m之间,由下部深水陆棚亚相与上部浅水陆棚亚相组成,包括3个体系域。

(1)海侵体系域:与龙一段一亚段对应,厚度介于10~40m之间,为一套富有机质含黏土

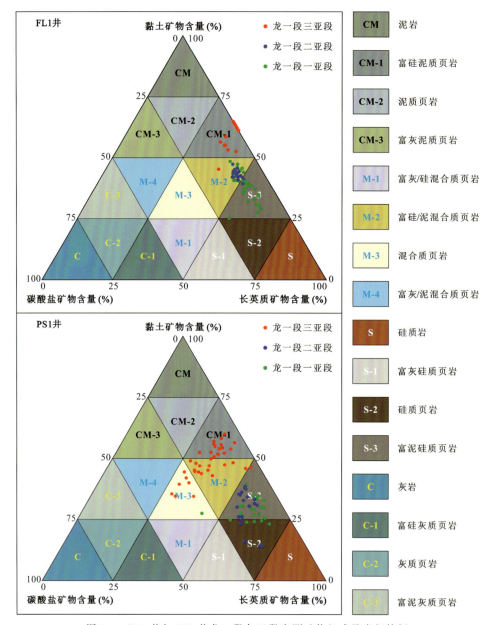

图 2-7　FL1 井与 PS1 井龙一段各亚段实测矿物组成及岩相特征

硅质页岩段,页理极为发育,可见诸多种属的笔石。层间大量发育的草莓状、结核状黄铁矿指示该体系域形成于水动力条件极弱、闭塞缺氧的局限海深水沉积环境。该体系域是整个龙一段中最优质的页岩层段。

(2)早期高位体系域:与龙一段二亚段对应,厚度介于 20～50m 之间。因古秦岭洋的上升底流侵入,研究区转变为局限海环境。在此期间,水深持续加大,同时裹挟了大量的陆缘碎屑颗粒,混积于细粒沉积物中,致使该体系域内砂质含量明显上升。该体系域主要岩性组合为粉砂质泥岩、薄层硅质页岩及泥质粉砂岩的互层。

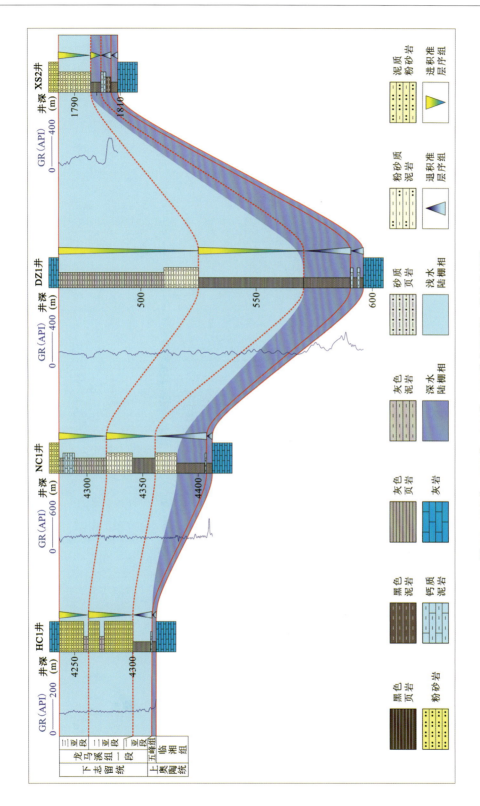

图2-8 HC1井—NC1井—DZ1井—XS2井龙马溪组一段连井剖面

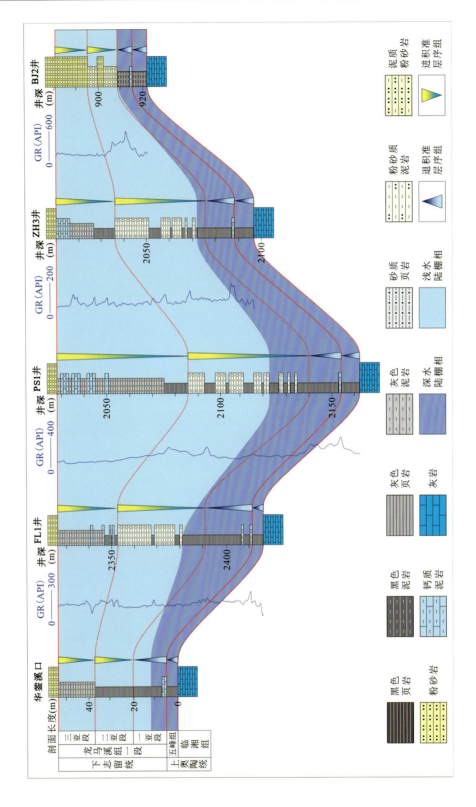

图 2-9 华鉴溪口剖面—FL1井—PS1井—ZH3井—BJ2井龙马溪组一段连井剖面

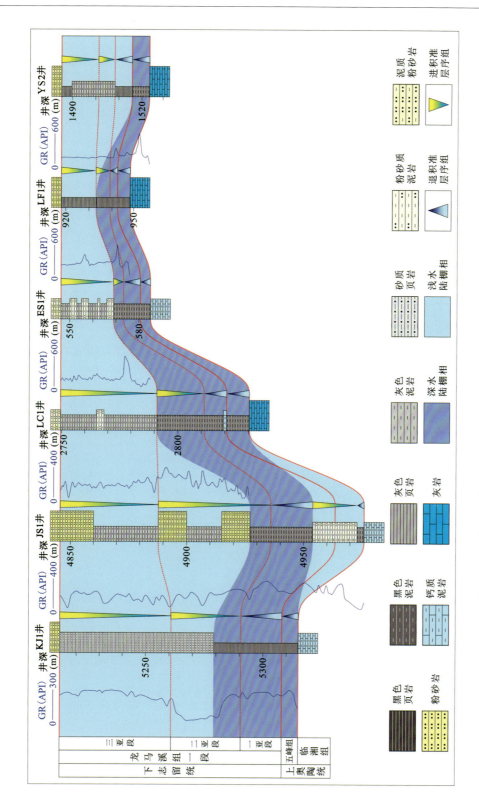

图 2-10 KJ1井—JS1井—LC1井—ES1井—LF1井—YS2井龙马溪组一段连井剖面

(3)晚期高位体系域:与龙一段三亚段对应,厚度介于20～50m之间。其间海平面出现回落,沉积背景也逐步过渡为浅水滨海环境,陆源碎屑占比含量进一步上升,表现为浅灰色泥岩内可见大量粉砂质结核,且发育各类生物浅穴与扰动痕迹。

综合各井点、连井剖面,本研究确定了区内龙一段一亚段的沉积相平面分布特征(图2-11)。结果揭示区内富有机质页岩主要发育于水动力条件相对较弱、还原性强、与外部沟通不畅的深水陆棚背景,这种背景不仅烃源母质供给充足,同时有利于有机质的富集与保存,是目前高产的脆性富有机质页岩发育的先决基础。研究区西北缘、东南缘及北部中段(JS1井邻近区域)分别邻近川中、雪峰古隆起及湘鄂西水下低隆起,古水深相对较浅,为浅水陆棚相。

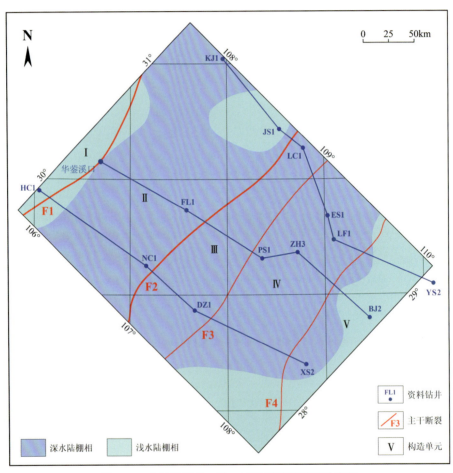

图2-11 龙马溪组龙一段一亚段沉积相平面分布图

第三章　富有机质页岩的物质基础

页岩储层富气且易于开发的前提是具备良好的物质基础,即拥有优异的成烃-储集能力及卓越的工程性能,这主要受包括页岩厚度、有机质丰度在内的烃源条件,以及矿物组成、力学强度等在内的岩相学和岩石力学性质控制。本章基于钻井岩样测试结果,对上述页岩物质基础指标进行了研究,并编制了相应的平面图件,为页岩气区域定量选区工作奠定基础。

第一节　富有机质页岩的烃源条件

一、页岩厚度

本书共收集了52口钻井的龙一段一亚段富有机质页岩实测厚度数据(表3-1),在沉积相约束下确定了页岩原型厚度展布(图3-1)。结果表明,浅水陆棚相页岩厚度一般小于15m,相比之下深水陆棚相页岩厚度多大于20m,厚度极值可达35～40m,主体位于齐岳山断裂带以西的焦石坝背斜一带。

表3-1　研究区钻井龙一段一亚段富有机质页岩实测厚度统计表

井号	厚度(m)	井号	厚度(m)	井号	厚度(m)	井号	厚度(m)
BJ1	13	HC1	5	PS1	30	YS2	6
BJ2	12	HY1	13	QJ1	19	YS3	7
BJ3	5	JQ1	25	QJ3	22	YY1	18
BJ4	9	JS1	15	SZ1	32	YY2	15
BJ5	12	KJ1	30	UY1	30	YY3	17
DZ1	22	LC1	30	UY3	35	YY4	19
ES1	15	LF1	18	WL1	30	YZ1	20
FL1	38	LF2	20	XF1	27	ZA1	20
FL10	39	LS1	16	XS2	16	ZH1	23
FL11	40	LS2	12	XS3	15	ZH2	28
FL16	39	LS3	15	YH3	25	ZH3	22

续表 3-1

井号	厚度(m)	井号	厚度(m)	井号	厚度(m)	井号	厚度(m)
FL8	32	NC1	35	YH4	25	ZH4	21
GT1	19	NC2	35	YS1	8	ZX1	15

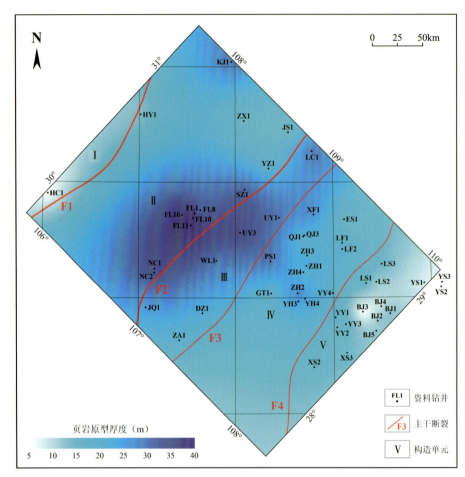

图 3-1　龙一段一亚段富有机质页岩原型厚度分布图

二、页岩有机质丰度

本书共收集了 36 口钻井的龙一段一亚段富有机质页岩实测总有机碳（TOC）含量数据（表 3-2），在沉积相约束下确定了页岩有机质丰度展布（图 3-2）。结果表明，浅水陆棚相页岩 TOC 含量小于 1.5%，相比之下深水陆棚相页岩 TOC 含量多大于 2.0%，有机质丰度极值可达 4.0%～5.0%，主体位于齐岳山断裂带以东的武隆向斜一带。

虽然厚度高值区与有机质丰度高值区构造样式截然不同，但实际勘探过程中均钻遇了高含气的富有机质页岩（郭彤楼和张汉荣，2014；方志雄和何希鹏，2016），进一步证明了优异的成烃潜力是页岩气富集的先决条件。

表 3-2 研究区钻井龙一段一亚段富有机质页岩实测总有机碳含量统计表

井号	TOC含量（%）	井号	TOC含量（%）	井号	TOC含量（%）	井号	TOC含量（%）
BJ1	2.7	FL11	3.2	NC2	3.4	YS1	2.7
BJ2	2.7	FL16	3.4	PS1	2.8	YS3	2.3
BJ3	1.6	FL8	3.2	QJ2	3.7	YY2	2.9
BJ4	3.2	GT1	2.3	UY1	3.4	YY4	2.5
BJ5	2.3	JQ1	3.5	WL1	5.0	ZA1	3.5
DZ1	4.7	JS1	2.1	XF1	2.0	ZH1	3.0
ES1	2.1	LC1	2.2	XS2	1.8	ZH2	3.7
FL1	3.5	LS2	2.7	XS3	1.8	ZH3	2.5
FL10	3.2	NC1	3.4	YH3	4.1	ZH4	3.1

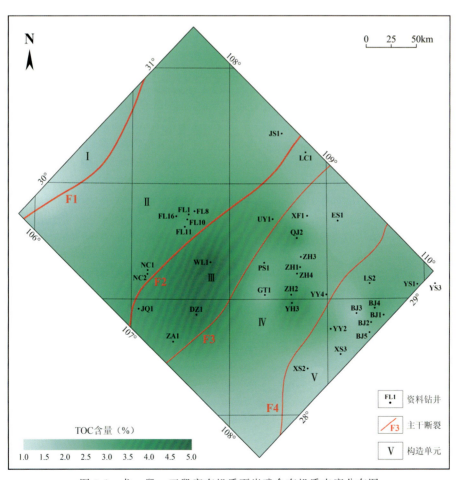

图 3-2 龙一段一亚段富有机质页岩残余有机质丰度分布图

第二节 富有机质页岩的岩石矿物学特征

一、页岩矿物组成及岩相特征

FL1 井和 PS1 井页岩实测全岩矿物含量测试结果(图 2-7)指示,二者龙一段一亚段的页岩为典型的富泥硅质页岩相。为探求其他区域页岩的矿物组成特征,本书收集了区内 23 口钻井的页岩实测全岩矿物组成数据(表 3-3)。结果表明,区内各钻井发育的富有机质页岩同

表 3-3 研究区钻井龙一段一亚段实测全岩矿物组成统计表

井号	长英质矿物含量(%)	黏土矿物含量(%)	碳酸盐矿物含量(%)	岩相
BJ3	57.3	31.2	11.5	富泥硅质页岩相
DZ1	66.1	18.9	15.0	
FL1	54.8	31.6	13.6	
FL10	55.7	31.2	13.1	
FL11	55.5	31.0	14.5	
FL16	55.9	31.7	12.4	
FL8	57.2	30.2	12.6	
GT1	61.7	28.5	9.8	
HY1	53.5	32.3	14.2	
LF1	58.0	32.0	10.0	
LS2	59.6	31.3	9.1	
NC1	57.9	31.6	10.5	
PS1	59.0	29.7	11.3	
QJ2	62.5	28.1	9.4	
UY3	61.0	26.8	12.2	
WL1	63.9	22.1	14.0	
YH3	62.9	28.9	8.2	
YS1	56.1	34.5	9.4	
YY1	54.5	31.2	14.3	
YY2	54.2	31.7	14.1	
YY4	56.8	28.3	14.9	
ZA1	65.2	22.0	12.8	
ZH4	58.2	30.1	11.7	

属富泥硅质页岩相,表现为长英质矿物含量较高,多介于55%~65%之间;黏土矿物与碳酸盐矿物含量相对较低,分别介于25%~30%之间及10%~15%之间;同时,整体脆性度极高,在实际的勘探开发过程中展现出卓越的工程性能。

二、页岩矿物含量平面展布

页岩的岩石力学性质极大地受控于其矿物组成,这为后文对页岩岩石力学性质的研究打下了基础。基于表3-3各井的实测矿物含量数据,本节编制了研究区龙一段一亚段页岩3种矿物含量的平面分布图(图3-3~图3-5)。结果表明,富有机质页岩的矿物组成,尤其是黏土矿物与长英质矿物含量,与其沉积相具有明显的相关关系。深水陆棚相页岩较浅水陆棚相页岩黏土矿物含量相对较低,尤其是ZA1井及DZ1井(表3-3),仅约20%;而长英质矿物含量甚至超过65%,指示其形成于远离滨岸的深水环境,受陆源输入碎屑影响较小。相较之下,浅水陆棚相页岩黏土矿物含量则可达35%,长英质矿物含量仅50%。

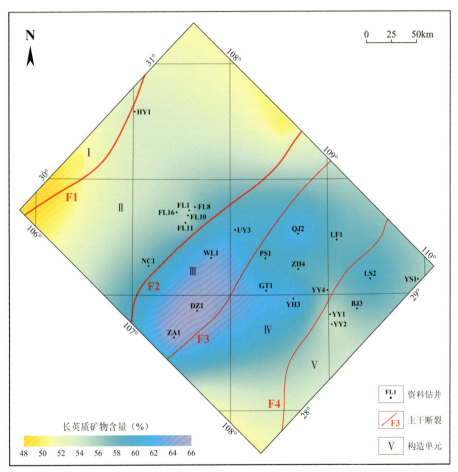

图3-3 龙一段一亚段富有机质页岩长英质矿物含量分布图

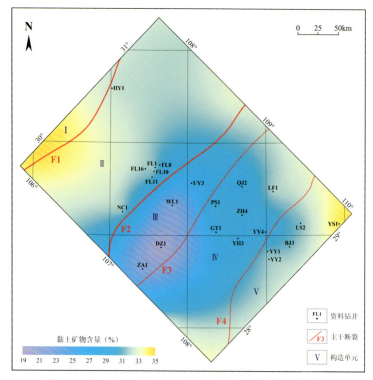

图 3-4　龙一段一亚段富有机质页岩黏土矿物含量分布图

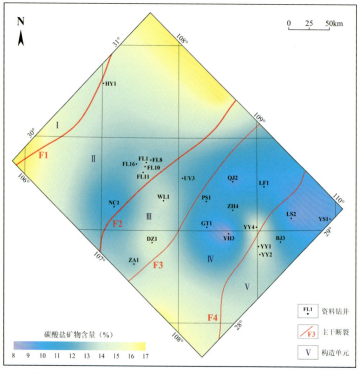

图 3-5　龙一段一亚段富有机质页岩碳酸盐矿物含量分布图

第三节 富有机质页岩的岩石力学性质

一、岩石力学测试样品信息与方法

前文已介绍了区内龙马溪组富有机质页岩形成于不同的沉积背景,因此岩性及矿物学组成差异性显著。为进一步定量研究不同矿物学组成页岩的岩石力学性质,本研究选取了矿物组成各不相同的16组泥页岩岩芯样品进行三轴压缩岩石力学实验(表3-4),以期尽可能覆盖更大矿物组成范围,同时有助于探讨黏土矿物、长英质矿物及碳酸盐矿物3类端元组分含量与页岩强度的关系。其中,因龙马溪组矿物含量与页岩强度的关系。实测矿物学组成揭示,龙马溪组页岩样品(A1~A8)黏土矿物含量普遍小于40%,为补齐黏土矿物含量高值区间的样品,研究另选取了中泥盆统页岩岩芯(B1~B8)。为避免样品水化吸胀,研究使用空气干钻或切割打磨将上述岩芯样品制备成16组直径25mm、长50mm的标准圆柱试样(图3-6)。每组样品均为垂直层面方向取样,分别于20MPa、40MPa、60MPa围压下进行测试。

表3-4 三轴岩石力学实验样品实测矿物组分统计表

样品编号	埋深(m)	实测矿物含量(%)							
		黏土矿物	石英	钾长石	钠长石	方解石	白云石	菱铁矿	黄铁矿
A1	3 517.34	19.90	25.02	7.98	10.19	18.51	16.41	0	1.99
A2	3 530.68	9.50	50.57	1.80	2.42	14.47	19.77	0	1.47
A3	3 531.60	18.95	19.59	13.26	7.68	21.40	17.96	0	1.16
A4	3 539.08	16.99	23.05	2.98	7.02	19.50	28.56	0	1.90
A5	3 580.22	24.01	40.95	3.23	11.17	12.65	5.12	0	2.87
A6	3 592.43	23.59	48.35	0	3.20	13.89	7.05	0	3.92
A7	3 603.23	19.89	21.53	2.03	1.78	28.52	24.26	0	1.99
A8	3 607.68	16.56	25.82	7.51	7.20	21.26	20.45	0	1.20
B1	326.45	36.01	23.06	2.87	2.93	18.13	12.93	2.04	2.03
B2	343.28	33.43	30.09	0	2.91	8.54	21.85	1.24	1.94
B3	363.72	47.37	18.42	0	0	21.58	11.08	1.55	0
B4	501.78	47.87	32.35	0	4.77	6.15	6.21	0.58	2.07
B5	509.72	46.16	34.34	0	5.44	6.91	4.15	0.74	2.26
B6	557.19	31.39	45.01	2.51	2.92	11.87	2.99	0.73	2.58
B7	686.64	50.53	25.39	2.44	3.06	8.59	2.11	4.68	3.20
B8	697.96	54.27	32.73	2.03	2.71	3.00	0.96	1.63	2.67

图 3-6 三轴压缩岩石力学实验使用的页岩标准圆柱试样照片

本实验在西南石油大学油气藏地质及开发工程国家重点实验室进行，选用仪器为 GCTS 公司生产的 RTR-1000 型静(动)态三轴岩石力学伺服测试系统(图 3-7)。该系统轴向载荷上限 1000kN，围压上限 140MPa，孔隙压力上限 140MPa，精度 0.01MPa，温度上限 150℃，液体体积控制精度 $0.01 g/cm^3$，变形控制精度 0.001mm。实验流程分 5 个步骤：①对试样进行预处理至端面平行度符合要求，后使用热塑套将垫片与传感器进行固定，同时校正传感器；②使用真空抽气泵为压力舱充满液压油；③为伺服器指定试验参数及试验程序，同时开始记录试验过程；④开启注油泵，为压力舱提供启动轴压(0.5MPa)，同时持续加大围压至达到试验所需条件，并将位移传感器反馈记录归零，准备开始轴向增压过程；⑤将应变速率控制为 $1.5 \times 10^{-5} \mu \varepsilon$，逐步增加轴向载荷至试样破坏，记录过程中各级应力下的应变值。

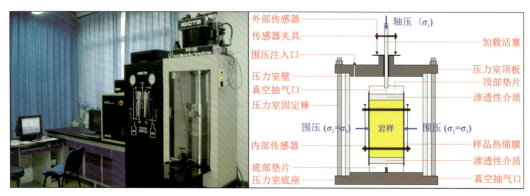

图 3-7 三轴压缩岩石力学实验使用设备实物及结构简图

通过传感器记录的数据分别计算各实验围压下样品的弹性模量、泊松比及三轴抗压强度。其中，三轴抗压强度以轴压与围压的强度差表示。

二、页岩岩石力学强度与定量表征

基于三轴压缩加载过程中试样轴向应变随加载压力的变化(图 3-8)，可以观察到页岩样品在不同应力水平下的形变特征：当围压处于 20MPa 时，多数样品在发生破裂瞬间的轴向应变量小于1%,属于典型的脆性形变,其破裂样式以张性劈裂、张-剪复合破裂为主(图3-9);随着围压的逐步增加,页岩在破裂时的轴向形变量呈上升趋势,至围压达60MPa时,轴向形变量已普遍大于1%,呈典型的塑性形变特征,其破裂方式也变为以双剪切与单剪切为主(图3-9)。

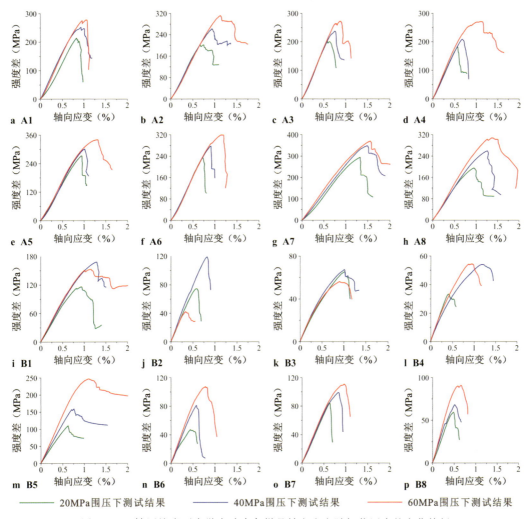

图3-8 三轴压缩岩石力学实验中各样品轴向应变随加载压力的变化特征

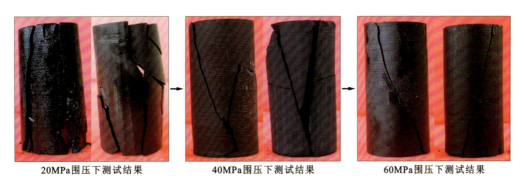

图3-9 不同实验围压三轴压缩岩石力学实验后岩样破裂特征对比

值得注意的是,当碳酸盐矿物含量较高时,即便在低围压条件下,页岩在破裂时的轴向形变量也大于1‰(图3-8g),体现出相当的塑性特征。而反观部分黏土矿物含量高的样品,不论实验围压如何,其在破裂时的轴向形变量始终小于1‰(图3-8p),体现出彻头彻尾的脆性特征。上述现象的本质是碳酸盐矿物强度自身极高而黏土矿物自身强度极低。

三轴岩石力学测试结果如表3-5所示,不难发现页岩的弹性模量及三轴抗压强度与其黏土矿物含量具有非常显著的负相关关系(图3-10~图3-12),泊松比则显著正相关,这与黏土矿物作为页岩矿物中唯一塑性组构的本质相符。碳酸盐矿物含量与页岩三轴抗压强度同样存在较好的相关性(图3-13~图3-15),而相比之下长英质矿物含量则与页岩三轴抗压强度无显著的相关性(图3-16~图3-18)。这是因为碳酸盐矿物是三端元中强度最高的组分,其存在能显著提升页岩的整体强度。长英质矿物的来源较为复杂,既可源于深水条件下的自生矿物,也可源于浅水背景下的陆源输入,因此其含量对沉积背景与组构的指示作用并不明显,即其含量与页岩强度无直接关联。另外,碳酸盐矿物与长英质矿物共同组成了页岩的脆性矿物组构,因此二者含量之和应与页岩强度呈正相关关系,这与黏土矿物与三轴抗压强度间的负相关关系不谋而合。

表3-5 三轴压缩岩石力学实验结果统计表

样品编号	弹性模量(MPa)			泊松比			三轴抗压强度(MPa)		
	20MPa	40MPa	60MPa	20MPa	40MPa	60MPa	20MPa	40MPa	60MPa
A1	31.51	33.74	39.64	0.302	0.336	0.346	213.7	252.0	278.2
A2	30.61	33.17	33.63	0.228	0.291	0.249	272.6	301.3	339.7
A3	29.67	31.62	34.52	0.244	0.228	0.261	234.1	277.9	319.5
A4	33.13	33.96	33.97	0.339	0.468	0.378	201.7	263.1	311.3
A5	36.97	38.78	40.93	0.327	0.328	0.356	201.5	237.7	272.3
A6	34.50	37.48	37.54	0.380	0.284	0.318	182.4	209.9	271.4
A7	25.92	27.35	28.75	0.259	0.246	0.274	294.2	348.7	370.2
A8	25.60	28.03	33.88	0.187	0.257	0.368	195.6	259.9	308.2
B1	16.05	17.01	18.01	0.273	0.259	0.215	116.3	168.1	152.8
B2	18.24	23.12	29.03	0.205	0.239	0.260	110.2	159.7	246.9
B3	14.87	17.04	15.56	0.395	0.420	0.436	74.6	119.1	42.1
B4	14.33	15.37	17.46	0.347	0.277	0.366	47.3	81.1	107.4
B5	8.54	9.62	9.45	0.479	0.441	0.478	65.3	67.4	56.2
B6	13.29	14.83	15.07	0.333	0.377	0.345	83.9	99.0	110.6
B7	13.49	16.79	19.11	0.444	0.471	0.446	59.4	68.4	91.0
B8	7.20	9.21	8.49	0.342	0.309	0.384	33.4	54.2	54.5

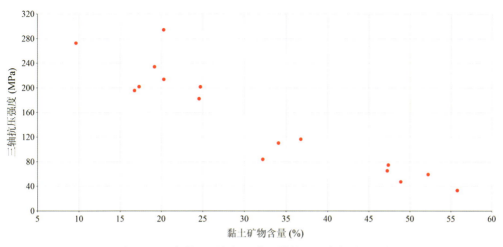

图 3-10　围压为 20MPa 条件下测得的页岩三轴抗压强度与黏土矿物含量的关系

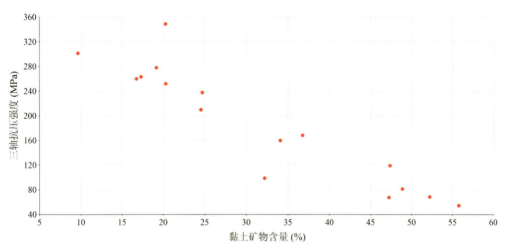

图 3-11　围压为 40MPa 条件下测得的页岩三轴抗压强度与黏土矿物含量的关系

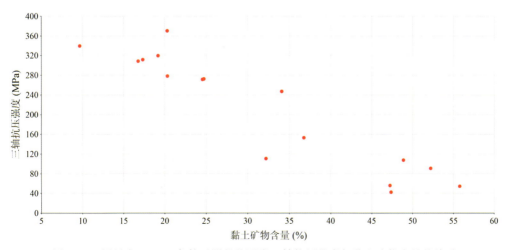

图 3-12　围压为 60MPa 条件下测得的页岩三轴抗压强度与黏土矿物含量的关系

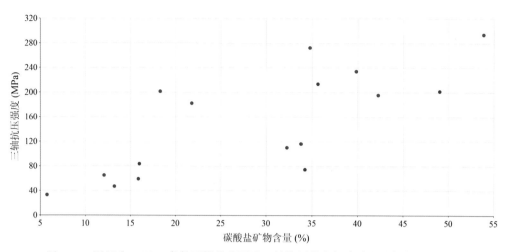

图 3-13 围压为 20MPa 条件下测得的页岩三轴抗压强度与碳酸盐矿物含量的关系

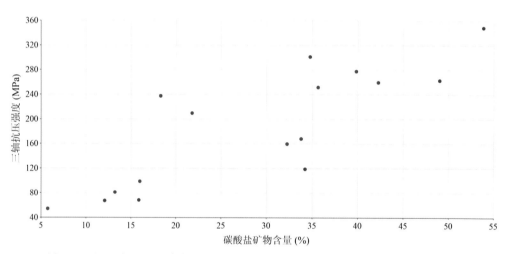

图 3-14 围压为 40MPa 条件下测得的页岩三轴抗压强度与碳酸盐矿物含量的关系

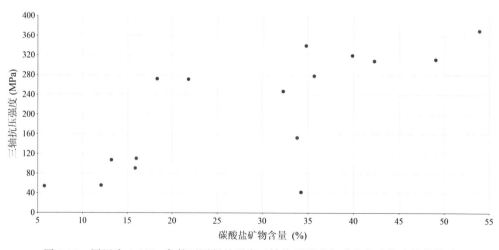

图 3-15 围压为 60MPa 条件下测得的页岩三轴抗压强度与碳酸盐矿物含量的关系

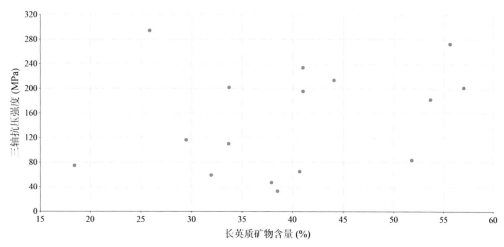

图 3-16　围压为 20MPa 条件下测得的页岩三轴抗压强度与长英质矿物含量的关系

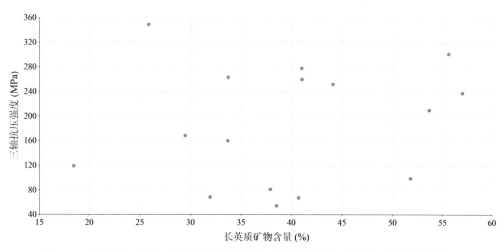

图 3-17　围压为 40MPa 条件下测得的页岩三轴抗压强度与长英质矿物含量的关系

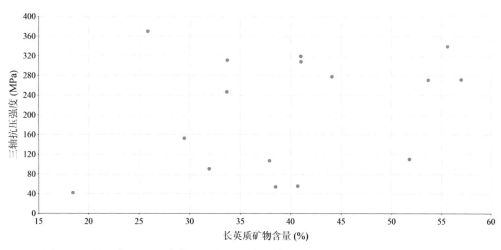

图 3-18　围压为 60MPa 条件下测得的页岩三轴抗压强度与长英质矿物含量的关系

鉴于页岩黏土矿物含量与其三轴抗压强度间极佳的相关性,本研究选取其作为页岩岩石力学强度的表征参数。在剔除了少数碳酸盐岩含量高样品的干扰值后,研究对不同围压下黏土矿物含量与三轴抗压强度关系进行了回归,得到二者的线性关系(图 3-19)。值得注意的是,当黏土矿物含量过高(大于 45%)时,页岩在高围压情况下(如 60MPa)强度会发生下降,甚至低于低围压条件下的强度,指示深埋过程条件下黏土矿物含量过高易导致页岩强度下降。因此,选取了 20MPa 与 60MPa 条件下的相关性,建立了不同黏土矿物含量页岩三轴抗压强度与围压的相关关系(图 3-20)。该关系为典型的一次函数,其截距即页岩的单轴抗压强度,斜率反映其三轴抗压强度随围压的变化速率。据此可根据页岩黏土矿物含量(图 3-4)求取区内页岩单轴抗压强度(图 3-21)及变化斜率(图 3-22)的分布特征,以表征其三轴力学强度。

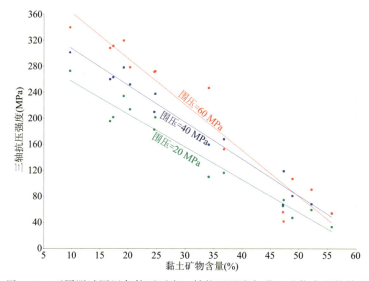

图 3-19　不同测试围压条件下页岩三轴抗压强度与黏土矿物含量的关系

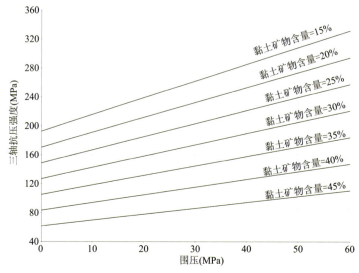

图 3-20　不同黏土矿物含量页岩三轴抗压强度随围压变化的关系

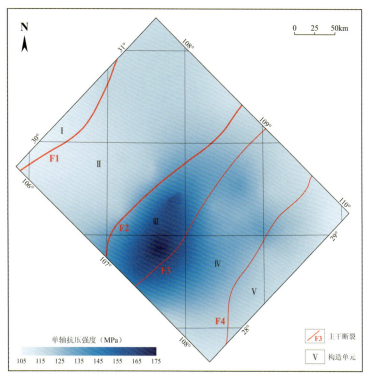

图 3-21 龙一段一亚段富有机质页岩单轴抗压强度分布图

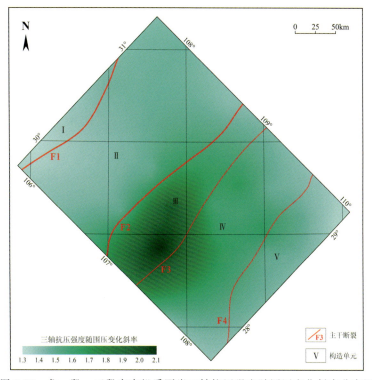

图 3-22 龙一段一亚段富有机质页岩三轴抗压强度随围压变化斜率分布图

第四章　富有机质页岩的埋藏演化特征

页岩气藏的形成与保存不仅需要富有机质页岩保有出众的物质基础,更极大地依赖于后期适宜的演化过程。自古生代沉积以来,研究区内富有机质页岩经历了长期、复杂的演化过程,其间多幕、多动力源、剧烈的构造变动极大地影响着页岩系统内成烃-成藏过程,页岩古、今埋藏状态及演化过程更直接影响着页岩气的富集结果。本章基于钻井实测资料、区域热年代学研究成果,依托数值模拟方法技术对富有机质页岩的埋藏演化过程进行恢复,并进一步探讨了富有机质页岩对页岩气富集保存的影响,为区域选区评价工作提供依据。

第一节　富有机质页岩的现今埋藏状态

一、页岩现今埋藏状态

通过对收集到的区域上1:20万数字地质图进行要素提取,可获取龙马溪组现今的剥蚀区与出露区分布(图4-1),并在此基础上编制了富有机质页岩残余厚度分布图(图4-2)。结果显示,齐岳山断裂带以东的盆外地区龙马溪组多数已出露于地表,背斜核部地层几乎剥蚀殆尽,地层埋藏区集中于残留背斜的核部;相比之下,齐岳山断裂带以西盆内区域的龙马溪组绝大多数仍处于埋藏状态。

本书共收集了研究区68口钻井龙马溪组底部的实测埋深(表4-1),结合研究区公开的数字海拔模型数据,以剥蚀出露区及钻井实测底界海拔为基础,在现今地表地质图的约束下,计算编制了龙马溪组现今底部埋深分布图(图4-3)。可以发现,盆内除紧闭背斜核部的地层埋深较浅外,其余地区埋深均超过4000m,最大可达约6000m;相较之下,盆外地区埋深普遍较小,其中向斜核部可达2000~3000m,翼部普遍小于1500m。

二、页岩现今热成熟度

本书共收集了研究区及邻区60口(个)钻井及野外露头的实测(等效)镜质体反射率(R_o)数据(表4-2),并以其为源数据厘定了页岩有机质热成熟度的平面展布特征(图4-4)。结果表明,除东南缘R_o为1.5%~2.0%外,区内页岩(等效)R_o普遍大于2.0%,向斜核部及盆内多数地区接近或超过3.0%,北部地区甚至接近4.0%。如此高的有机质热演化程度指示区内富有机质页岩普遍经历过深埋高演过程,这与现今,尤其是盆外地区龙马溪组较浅的埋深明显不符,说明区内富有机质页岩在最大埋深后经历过显著的剥蚀作用。

第四章　富有机质页岩的埋藏演化特征

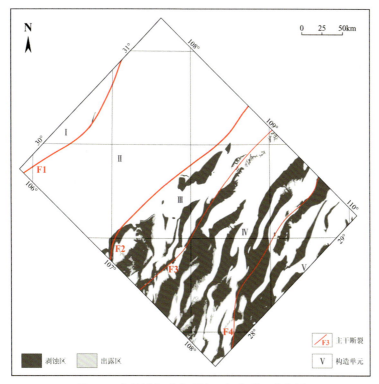

图 4-1　龙马溪组现今剥蚀区与出露区分布图

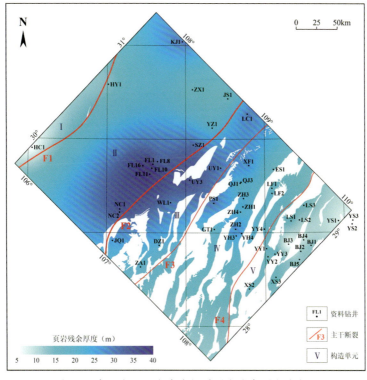

图 4-2　龙一段一亚段富有机质页岩残余厚度分布图

表 4-1　研究区钻井龙马溪组底部埋深统计表

井号	埋深(m)	井号	埋深(m)	井号	埋深(m)	井号	埋深(m)
BJ1	1118	HY1	1331	PS2	2340	YH2	907
BJ2	921	JQ1	505	PS3	2712	YH3	1166
BJ3	1095	JS1	4969	PS4	2093	YH4	874
BJ4	1070	KJ1	5259	QJ1	810	YS1	536
BJ5	2767	LC1	2820	QJ2	789	YS2	1523
BN1	4818	LC2	1490	QJ3	820	YS3	2549
DZ1	590	LF1	946	SZ1	5633	YY1	588
ES1	578	LF2	893	UY1	325	YY2	3434
FG1	570	LF3	2115	UY2	825	YY3	828
FL1	2411	LM1	3519	UY3	758	YY4	767
FL10	2357	LS1	385	WL1	2832	YY5	864
FL11	2616	LS2	1922	XF1	1511	YZ1	4513
FL16	3644	LS3	675	XS1	1519	ZA1	2326
FL8	2051	LZ1	3577	XS2	1804	ZH1	2619
GT1	1257	NC1	4406	XS3	1747	ZH2	3030
GT2	2173	NC2	3467	YC1	3210	ZH3	2088
HC1	4014	PS1	2153	YH1	912	ZH4	1121

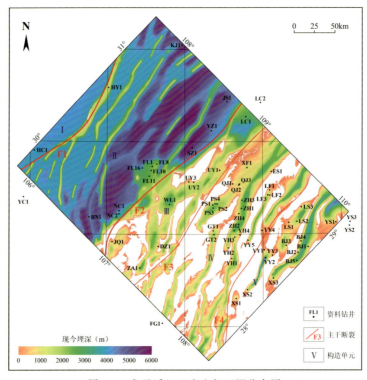

图 4-3　龙马溪组现今底部埋深分布图

表 4-2　研究区及邻区井(点)龙马溪组底部实测(等效)镜质体反射率(R_o)统计表

井(点)号	R_o(%)	井(点)号	R_o(%)	井(点)号	R_o(%)	井(点)号	R_o(%)
BJ1	2.62	KJ1	3.16	YS2	1.73	丰乐	1.50
BJ2	2.19	LC1	3.26	YY2	2.33	高罗	2.99
BJ3	2.44	LC2	2.38	YY3	2.05	桂塘	2.70
BJ4	2.25	LF1	3.10	YY4	1.97	黑水	2.24
BJ5	3.01	LS2	2.48	YY5	2.08	红岩溪	3.05
DZ1	2.50	PS1	2.80	YZ1	3.20	良村	2.80
ES1	2.68	QJ2	2.82	ZA1	2.37	鹿角	2.51
FL1	2.95	SZ1	2.84	ZH1	3.10	毛沟	2.72
FL16	3.17	UY1	2.13	ZH2	2.85	漆辽	2.57
FL8	2.69	XF1	2.60	ZH4	2.90	沙塔坪	1.85
GT1	2.29	XS2	2.40	ZX1	3.90	塔卧	2.95
GT2	2.26	XS3	1.92	苍岭	2.62	温塘	1.62
HC1	3.22	YH1	2.28	大河坝	3.12	洗车河	3.04
JQ1	2.80	YH3	2.93	大田坝	2.50	忠信	2.53
JS1	3.73	YS1	2.89	德隆	2.85	钟多	2.48

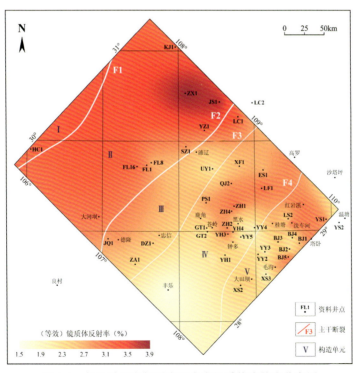

图 4-4　龙马溪组底部页岩现今有机质热成熟度分布图

第二节 研究区构造抬升特征

一、区域低温热年代学数据来源

恢复页岩埋藏过程,首先需对页岩达到最大埋深的时刻,即接受抬升的起始时刻进行厘定。前人对包括研究区在内的雪峰陆内造山系统进行了大量的低温热年代学测试,以分析递进变形时序关系。本书整理了上述研究中开展的低温热年代学测试数据,共收集实测磷灰石及锆石裂变径迹及 U/Th-He 年龄约束下进行的热史路径模拟数据点共 59 个(表 4-3,图 4-5),以分析区内不同构造带中生代—新生代抬升剥蚀作用的时序。

表 4-3 研究区及周缘基于低温热年代学数据的热史路径模拟数据点汇总表

样品点号	样品年代	样品岩性	起始抬升时间(Ma)	数据来源
3-67	S	砂岩	168	Ge et al.,2016
3-97	T_2		160	
LC-001	T_3	砂岩	138	Li et al.,2020
NC-009	J_2		70	
ZJJ-002	T_2		160	
2495-1	T_3	长英质砂岩	97	Richardson et al.,2008
2495-3	J_2		101	
Y27	J_2	砂岩	133	Shi et al.,2016
Y30	J_3		119	
Y31	J_3		118	
Y32	J_3		117	
FJS39-1	Pt	火山碎屑岩	180	Tang et al.,2014
BB-9	T_3	石英砂岩	100	Zhu et al.,2019
DZ-4	J_2		100	
HD-2	T_3		100	
M24-1	T_3	砂岩	85	邓宾,2013
SH060	T_3		95	
SH098	J_2		95	
SH100	T_3		101	
SLG01	J_3		82	
1-2	S	砂岩	166	邓大飞,2014

续表 4-3

样品点号	样品年代	样品岩性	起始抬升时间(Ma)	数据来源
HHB-1	J_2	中粗砂岩	98	贺鸿冰,2012
HHB-2	T_3		109	
HHB-3	J_2	中粗砂岩	98	
HHB-4	J_2	粗砂岩	97	
HHB-5	J_2	中细砂岩	92	
DS006	J_2	砂岩	89	贾小乐,2016
DS009	J_2		89	
DS036	J_2		86	
DS037	T_3		92	
DS054	T_3		86	
DS057	J_3		87	
DS059	J_2		88	
DS092	S		92	
RX-29	S	砂岩	170	李双建等,2008
PD048	P	砂岩	86	李双建等,2011
CQ-18	J_2	砂岩	76	李双建等,2016
ES-001	S		125	
JL-1	J_2	砂岩	132	梅廉夫等,2010
WD-44	J_3		96	
WE-8	J_3		115	
X5	J_2		142	
Y43	T_3	石英砂岩	130	石红才等,2011
FT-09	J_2	长英质砂岩	125	王平等,2012
FT-19	T_3		95	
FT-28	J_2		128	
FT-33	J_2		77	
FT-41	J_2		82	
FT-44	T_3		94	
FT-46	T_3		96	

续表 4-3

样品点号	样品年代	样品岩性	起始抬升时间(Ma)	数据来源
CD079	J₂	砂岩	131	张丽,2016
CD102	J₂		126	
CD116	J₁		129	
CD147	J₂		136	
CD150	J₂		129	
15-016	J₁	石英砂岩	137	邹耀遥等,2018
15-018	K	钙质砂岩	140	
15-023	J	石英砂岩	146	
15-024	K	泥质粉砂岩	150	

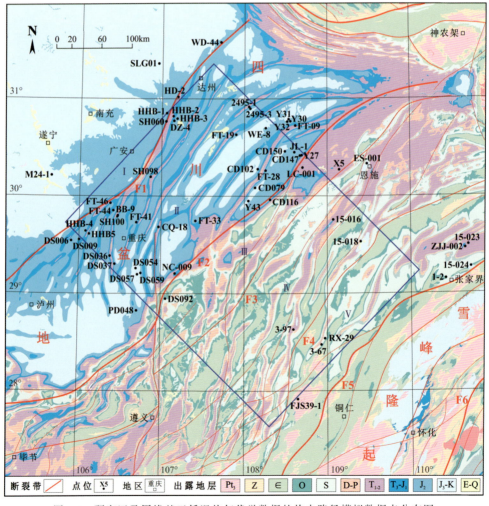

图 4-5 研究区及周缘基于低温热年代学数据的热史路径模拟数据点分布图

二、研究区中生代—新生代构造抬升时序

对比不同平面位置的热史路径(图 4-6)可发现：①自邻近造山动力源的研究区东南缘至远离动力源的西北缘,构造抬升剥蚀的起始时间由印支运动末期的 180~170Ma 逐渐过渡至燕山运动末期的 90~70Ma,呈明显的渐新趋势;②各构造带的抬升剥蚀过程整体上均可划分为"快—慢—快"3 个主要演化阶段,即印支运动末期—燕山运动早期的快速抬升剥蚀阶段,燕山运动晚期—古近纪构造平静期的缓慢抬升剥蚀阶段和新近纪以来的喜马拉雅运动期的快速抬升剥蚀阶段;③主干断裂附近的抬升剥蚀早于各构造带内部,褶皱两翼的抬升剥蚀同样早于其核部,与应力传导的时序相一致。

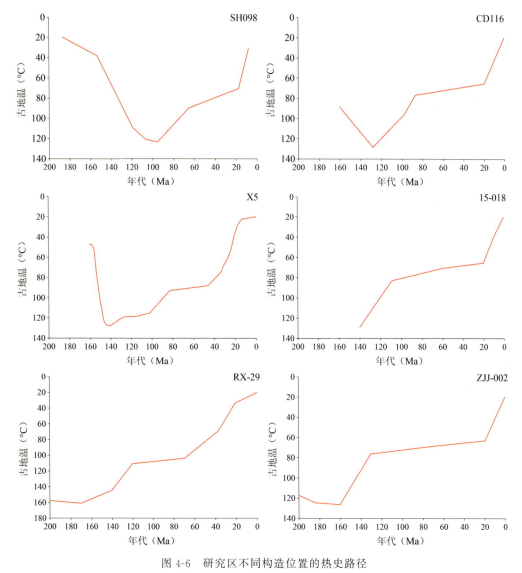

图 4-6 研究区不同构造位置的热史路径

(修改自李双建等,2008;梅廉夫等,2010;邓宾,2013;张丽,2016;邹耀遥等,2018;Li et al.,2020)

基于上述认识,综合各点热史路径,本研究厘定了研究区中生代—新生代抬升起始时间的平面展布(图 4-7)。

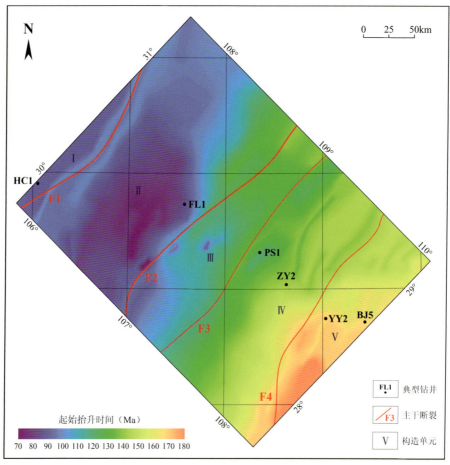

图 4-7 研究区中生代—新生代抬升起始时间分布图

第三节 富有机质页岩的埋藏-热成熟过程

一、页岩埋藏-热演化史恢复方法

在确定了抬升时序后,需进一步恢复研究区富有机质页岩曾经达到的最大埋藏深度。低温热年代学测试结果约束的热史路径虽然可用于间接揭示地层降温幅度,从而达到折算剥蚀厚度的作用,但该方法受年代学测试、模拟精度及古地温的不确定性的双重制约,推算结果并不令人完全信服。作为有机质埋藏热演化应用最为广泛、效果最好的古温标参数,镜质体反射率的对数与有机质经历的最大埋深具有良好的线性关系。本研究即基于不同构造部位单井热演化模拟得到的镜质体反射率与古最大埋深的关系,依托实测镜质体反射率分布(图 4-4),反推龙马溪组页岩经历的最大埋深。

而除最大埋深外,热历史也对有机质的成熟演化具有决定性的影响。因此,本研究首先对区域上的古今地温场特征进行了分析。基于文献中收集整理的32个于井点实测的现今大地热流数据(表4-4)编制的大地热流分布图(图4-8)揭示,区内现今大地热流自西部川中隆起的约64mW/m²向东逐步降低至雪峰隆起一带的约40mW/m²,地温梯度也相应地自约3.0℃/100m降至约1.9℃/100m(图4-9),这些数据为模拟工作提供了现今地温背景的约束。

表4-4 研究区及周缘实测现今大地热流及地温梯度值统计表

点号	经度(°)	纬度(°)	实测现今大地热流(mW/m²)	实测地温梯度(℃/100m)	数据来源
HSB	111.70	30.72	56.4	2.42	胡圣标等,2001
JX	110.71	30.82	35.4	1.43	金昕等,1996
J01	107.47	29.31	59.2	2.51	李春荣等,2017
J02	107.32	29.32	62.1	2.75	
L4	106.11	32.06	54.0	2.40	卢庆治等,2005
B1	106.34	32.20	57.0	2.50	
CF82	107.15	32.15	50.0	2.20	
QL23	107.76	31.32	51.0	2.20	
D4	107.97	31.36	54.0	2.30	
D5	108.03	31.45	51.0	2.20	
WJ1	109.55	27.97	36.5	1.42	王钧等,1990
WJ2	111.13	27.10	48.0	1.85	
WJ3	111.17	27.13	49.0	1.77	
WJ4	111.77	27.82	42.2	2.01	
WJ5	111.81	27.24	41.1	1.96	
WJ6	111.95	28.77	47.0	2.00	
虎3	112.14	30.23	53.9	2.84	徐明等,2010
龙深1	103.86	31.23	63.9	2.24	徐明等,2011
龙651	104.31	30.67	55.3	2.40	
川泉128	104.53	30.92	58.3	2.24	
川5	104.94	29.71	64.2	2.26	
川石55	106.02	31.52	57.0	2.20	
丁山1	106.67	28.59	60.3	2.45	
铁北1	107.51	31.41	54.5	2.06	
双庙101	107.59	31.43	55.5	2.22	
普光12	107.81	31.53	55.0	2.31	

续表 4-4

点号	经度 (°)	纬度 (°)	实测现今大地热流 (mW/m²)	实测地温梯度 (°C/100m)	数据来源
FANG1	111.84	31.31	45.8	1.97	袁玉松等,2006
WANG1	112.00	30.41	51.2	2.06	
H1	103.18	29.35	63.6	2.40	Zhu et al.,2016
NJ	106.15	30.85	67.5	2.67	
G8	106.17	28.88	57.0	2.52	
CY84	107.73	31.45	53.3	2.19	

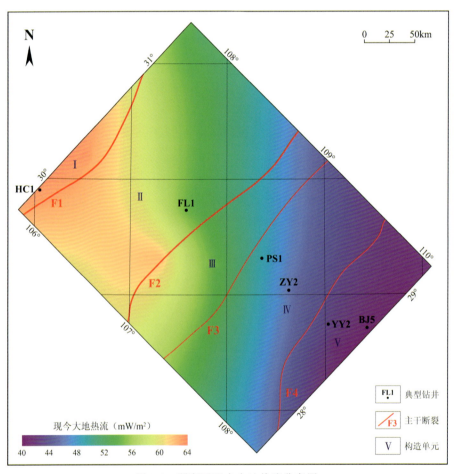

图 4-8 研究区现今大地热流分布图

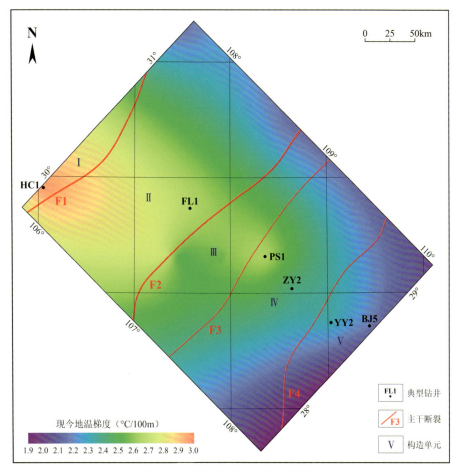

图 4-9 研究区现今地温梯度分布图

前人基于古温标反演获得的热演化史结果表明,研究区及邻区古生代热流稳定在约 50mW/m² 的水平,并于晚古生代开始逐步上升,至二叠纪受区域岩浆活动影响热流达顶峰,最高可达 65~70mW/m²,此后依次降低至现今水平(卢庆治等,2007;徐二社等,2015;徐秋晨,2018)。各构造部位热史演化历程类似,其区别主要在于二叠纪后热流降低的幅度,研究区东缘降温幅度明显大于西缘。

区内西部与东北的古今地温场差异显著,将不可避免地对富有机质页岩热演化进程产生差异性影响,即在相同埋深下,热背景较高者的有机质熟化速度也会更快。为探究不同热背景下页岩成熟状态与所经历埋深间关系的差异性,本研究选取 HC1 井、FL1 井、PS1 井、ZY2 井、YY2 井与 BJ5 井作为不同地温背景的代表,进行了一维埋藏史及热成熟史模拟。上述各钻井现今地表均有中生界出露,埋深也相对较大,且具有全部地层的分层资料及实测镜质体反射率数据,从而可降低地层剥蚀厚度推测过程中的盲目性。

因 FL1 井与 PS1 井均具有全井段岩性录井数据,兼有实测现今井底地温数据,资料十分齐备,故首先对两口井的参数进行拟合校正。一维模型建立过程中,钻井现今地层的岩性严格参照实钻录井岩性进行设置,已被剥蚀的地层则参照区域 1:20 万地质图(涪陵幅与西阳幅)的资料进行设置(表4-5)。同时,各岩性在参数计算遵循将各岩性端元组成按照各自占比层状混合(取调和平均值)的原则,以期进一步接近实际情况。各地层界线年代按照国际标准地层年代值进行设置,剥蚀抬升历程参考邻近的年代学热史路径模拟结果进行设置。在此基础上通过基于模拟所得的现今地温、有机质成熟度与实测值间的拟合关系(图4-10),以确定热史路径输入参数的准确与否。

表4-5　FL1井与PS1井一维模型各地层岩性输入参数一览表

地层	FL1井	PS1井
K_2	砾岩(15%)+粉砂岩(贫有机质,30%)+砂质页岩(贫有机质,15%)+长石石英砂岩(40%)	/
K_1	砾岩(40%)+粉砂岩(贫有机质,30%)+砂质页岩(贫有机质,10%)+长石石英砂岩(20%)	
J_3	粉砂岩(贫有机质,30%)+砂质页岩(贫有机质,20%)+长石石英砂岩(20%)+石英砂岩(30%)	粉砂岩(贫有机质,40%)+砂质页岩(贫有机质,50%)+长石石英砂岩(10%)
J_2	粉砂岩(贫有机质,30%)+砂质页岩(贫有机质,40%)+长石石英砂岩(10%)+石英砂岩(10%)+隐晶质灰岩(10%)	粉砂岩(贫有机质,30%)+砂质页岩(贫有机质,50%)+长石石英砂岩(10%)+石英砂岩(10%)
J_1	石英砂岩(15%)+长石石英砂岩(15%)+页岩(贫有机质,50%)+粉砂岩(贫有机质,15%)+隐晶质灰岩(5%)	石英砂岩(10%)+长石石英砂岩(25%)+页岩(贫有机质,25%)+粉砂岩(贫有机质,30%)+隐晶质灰岩(10%)
T_3	石英砂岩(40%)+长石石英砂岩(40%)+页岩(富有机质,20%)	石英砂岩(40%)+长石石英砂岩(40%)+页岩(贫有机质,10%)+粉砂岩(贫有机质,10%)
T_2	隐晶质灰岩(30%)+白云岩(60%)+页岩(贫有机质,10%)	隐晶质灰岩(30%)+泥质灰岩(10%)+白云岩(10%)+硅质页岩(贫有机质,10%)+粉砂岩(贫有机质,40%)
T_1	隐晶质灰岩(70%)+鲕粒灰岩(15%)+白云岩(10%)+页岩(贫有机质,5%)	隐晶质灰岩(60%)+泥质灰岩(20%)+白云岩(20%)
P_3	隐晶质灰岩(50%)+鲕粒灰岩(30%)+泥质灰岩(15%)+页岩(富有机质,5%)	隐晶质灰岩(40%)+泥质灰岩(15%)+白云岩(10%)+硅质页岩(贫有机质,25%)+页岩(贫有机质,10%)
P_2	隐晶质灰岩(60%)+泥质灰岩(25%)+白云岩(10%)+页岩(贫有机质,5%)	隐晶质灰岩(30%)+泥质灰岩(55%)+页岩(贫有机质,10%)+粉砂岩(贫有机质,5%)
P_1	隐晶质灰岩(60%)+泥质灰岩(25%)+页岩(贫有机质,10%)+页岩(富有机质,5%)	隐晶质灰岩(20%)+泥质灰岩(80%)

续表 4-5

地层	FL1 井	PS1 井
$S_{2-3}h$	页岩(贫有机质,70%)+粉砂岩(贫有机质,20%)+砂质页岩(贫有机质,10%)	页岩(贫有机质,60%)+粉砂岩(贫有机质,20%)+砂质页岩(贫有机质,20%)
S_1x	页岩(贫有机质,75%)+砂质页岩(贫有机质,25%)	页岩(贫有机质,10%)+粉砂岩(贫有机质,65%)+砂质页岩(贫有机质,5%)+砂岩(20%)
S_1l^{2-3}	页岩(贫有机质,60%)+砂质页岩(贫有机质,35%)+隐晶质灰岩(5%)	
O_3w-S_1l^1	页岩(富有机质,35%)+砂质页岩(贫有机质,55%)+隐晶质灰岩(10%)	

在确定上述两口井的各参数设置后,其余钻井以之为例效仿进行设置。其中 HC1 井由于与 FL1 井同处盆内地区,故使用相同的岩性参数;ZY2、YY2 井与 BJ1 井则参照 PS1 井的参数进行设置。由于这 4 口钻井缺乏实测现今地温数据,故根据现今地温梯度特征(图 4-9)并结合各井目的层埋深计算井底温度。结合已掌握的实测热成熟度数据,最终确定了各井的大地热流史参数设置(图 4-11)。

二、页岩埋藏-热演化对页岩气富集保存的影响

基于上述参数设置,本书对各井龙马溪组富有机质页岩的埋藏史(图 4-12)及热成熟史(图 4-13)进行了恢复。模拟结果显示,自盆外的 BJ5 井至盆内的 HC1 井,其古今热流恢复值依次增大,模拟的最大埋深依次降低。盆外页岩普遍于中生代步入高—过成熟阶段,而盆内页岩于 250Ma 才进入生烃门限,且不早于 150Ma 步入过成熟阶段,此时盆外已进入抬升剥蚀阶段,热成熟与生烃作用已陷入停滞。总体而言,各区热成熟演化快速期均为古地温背景陡增的二叠纪。因更早进入抬升阶段,盆外富有机质页岩成烃演化的总时长明显短于盆内页岩,而其接受抬升剥蚀改造的时间则远长于盆内页岩。据此,抬升时限差异的影响同时作用于页岩的成烃演化与保存条件两方面,二者叠加更使得盆内页岩的潜力要远高于盆外。

基于模拟结果,可推算各钻井有机质成熟度与其所经历的最大古埋深之间的关系(图 4-14)。不难看出在相同的最大埋深下,盆内的 HC1 井因热背景远高于盆外各井,其在相同成熟度下对应的埋深要比盆外的 BJ5 井低 2000m,这种极高的成熟效率弥补了埋深上的劣势,也使得盆内页岩在中生代更快熟化成烃。从另一个角度看,这也表明盆内地区即便埋藏相对较浅,其页岩热成熟度仍有可能相当高。这些较盆外而言埋藏相对较浅的区域,其内发育的富有机质页岩也存在着过成熟导致的生烃、储集能力枯竭的可能。

在此基础上,将这 6 口处于不同热背景的钻井的有机质热成熟度-古最大埋深关系推广至整个研究区,使用页岩实测有机质成熟度值(图 4-4)来反推其经历的古最大埋深(图 4-15),而后基于最大埋深与现今埋深的差值来推测页岩中生代—新生代构造期内的累计剥蚀厚度(图 4-16)。结果表明在构造抬升发生前研究区地势整体呈 NW-SE 向单斜的特征,此时湘鄂西地区是埋藏相对较深的区域。这一特征与中生代古地理格局一致,即研究区属于北部秦岭构造域的辐射范围内,整体构造走向也为偏东西向。这与现今 NE-SW 向的雪峰构造域特

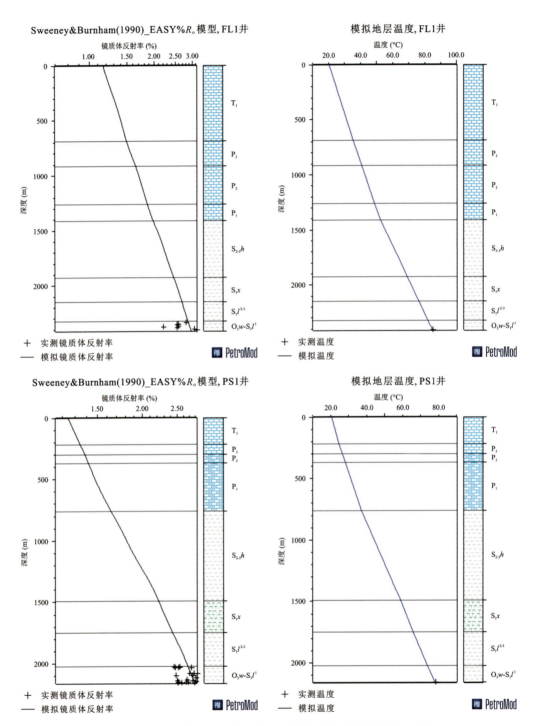

图 4-10 FL1 井与 PS1 井热-成熟史模拟结果与实测值的拟合关系

第四章　富有机质页岩的埋藏演化特征

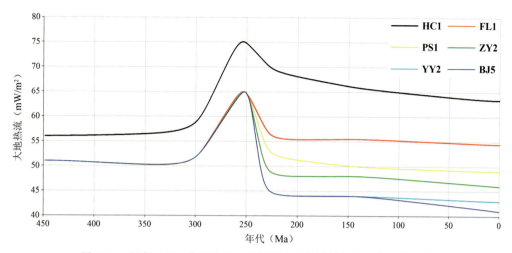

图 4-11　研究区 6 口典型钻井一维模型大地热流演化史输入参数一览

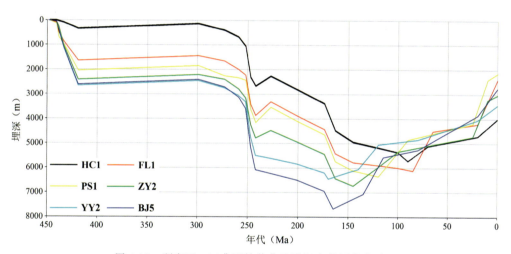

图 4-12　研究区 6 口典型钻井龙马溪组底部埋藏史对比

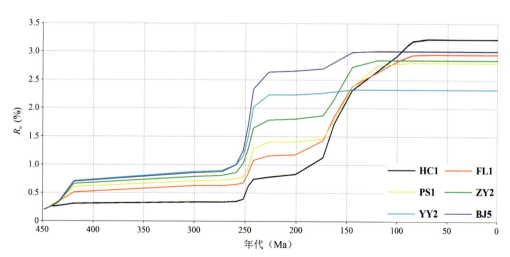

图 4-13　研究区 6 口典型钻井龙马溪组底部热成熟史对比

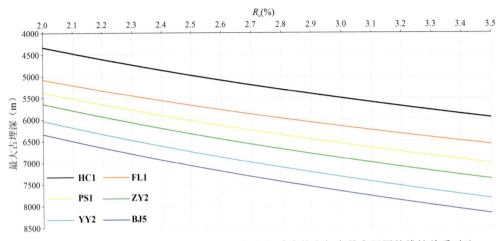

图 4-14 研究区 6 口典型钻井龙马溪组底部有机质成熟度与古最大埋深的线性关系对比

征截然不同,从侧面体现出研究区的构造背景经历了自印支期至燕山期的转变,二者叠加致使构造作用更为复杂。整体而言,累计剥蚀厚度的计算结果直观展现出了齐岳山断裂带以西的盆外地区经历的抬升剥露作用要显著强于盆内地区。盆外地区仅在残留向斜核部极少数区域抬升剥露相对较弱。相比之下,盆内地区除了川东南帚状高陡褶皱带的核部抬升可能较为显著外,其余地区总体受影响较小,有利于页岩气的保存。

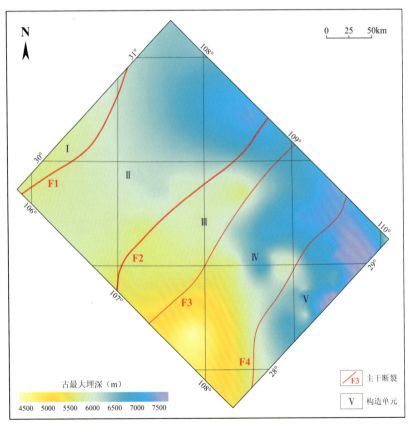

图 4-15 龙马溪组富有机质页岩经历的古最大埋深分布图

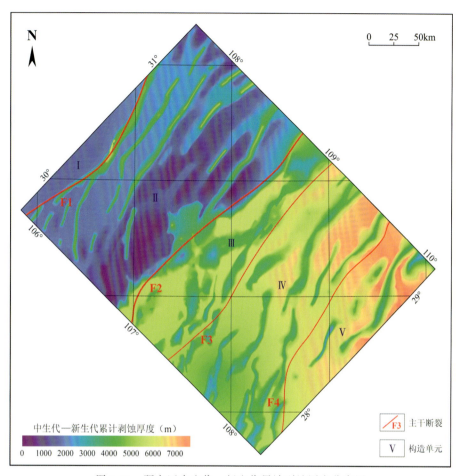

图 4-16 研究区中生代—新生代累计剥蚀厚度分布图

第五章 区域应力与页岩破裂概率

作为具有高脆性度的岩石材料,富有机质页岩在经受外部应力环境改变时易产生各类形变,进一步发生破裂。而含气页岩的破裂是其自封闭性被打破的最为直接的表现形式,也从根本上影响着页岩气的保存条件。因此,针对页岩破裂的研究是页岩气区域选区评价的重要组成部分之一。

岩石材料产生破裂与否,不仅受制于其自身的力学性质,也与其所受外部应力的强弱密不可分。区内富有机质页岩的岩矿组成多样,且经历了以燕山期为主的挤压造山作用与喜马拉雅期为主的抬升剥露作用。不同构造部位内页岩的矿物学特征与其经历过的构造作用类别、强弱均各不相同,进而导致页岩自身物质组成与外部应力背景两者间的巨大差异。上述差异从根本上决定了不同地区页岩形变与破裂特征不可一概而论。以往针对页岩形变破裂的研究,往往仅局限于纯粹的岩石力学或构造地质学范畴内的讨论,割裂了内外因对页岩破裂的联合控制作用;同时,评价尺度往往较小,虽深入机理,但无法推广至更大层面,致其实际意义有限。针对本书这种大尺度的页岩气选区评价,则需结合页岩自身物质组成与外部应力的宏观差异来讨论区域尺度上的页岩破裂特征。

基于上述思路,本章首先依托古今地应力的测试结果,厘定不同构造区域内页岩所经历的外部应力水平。而后,结合前文页岩矿物组成对其力学性质的控制作用,分别对强构造挤压期及抬升剥露期内页岩破裂概率进行评估,为后续页岩气区域选区评价提供基础。

第一节 强构造挤压期区域应力背景

一、古最大水平地应力恢复方法

地应力指存在于岩体中未受扰动的自然应力,亦称原岩应力,其成因十分复杂,主要受各种地球内外动力及天体引力所控制。地下岩石受三维空间的应力影响,因此常用3个法向主应力表征其应力状态,即 σ_1、σ_2 与 σ_3,三者分别表示最大、中间和最小应力。地应力场主要由上覆岩石引发的自重应力场及构造运动影响下的构造应力场组成。

1. 自重应力

指由上覆岩体在重力作用下对下伏岩体施加的应力,其中垂直应力为:

$$S_V = 10^{-3} \rho h g \tag{5-1}$$

式中:S_V 为垂直应力(MPa);ρ 为上覆岩层平均密度(g/cm³);h 为埋深(m);g 为重力加速度,

取 9.80m/s^2。

在构造作用强度较弱的停滞平静期,岩石在水平方向所受的地应力主要为垂向应力的水平分量,且其在各方向上大小一致:

$$S_H = S_V \left(\frac{\mu}{1-\mu}\right)^{\frac{1}{n}} \tag{5-2}$$

式中:S_H 为水平应力(MPa);μ 为岩石泊松比;n 为经验系数(常取 1)。

2. 构造应力

构造应力即构造作用导致的地壳内部动力作用引发的应力变化,主要表现为挤压及拉张两种形式,研究中常将二者定义为正应力及负应力以方便进行矢量分析运算。构造应力在水平及垂直方向均可存在,但在浅部主要以水平应力为主。

现有的实测地应力资料揭示了地壳上部浅层空间内的地应力具有以下分布规律(Heidbach et al.,2018)。

(1)地应力是空间和时间的函数,在空间的变化分析中,局部状态下地应力的变化可能很明显,但总体上变化较小。

(2)垂直应力基本等于其上覆岩层的重力,据统计分析,该理论适用于一定的深度范围(2500～2700m),此时,垂直应力 σ_V 呈现出线性增长趋势,计算值为 γH,其中 γ 为上覆地层的平均自重应力(kN/m^3),H 为埋深(m)。

(3)水平应力一般随深度线性增长,且一般都大于垂直主应力。

(4)大量实践材料证明地下存在两个水平主应力,即最大水平主应力 S_H 和最小水平主应力 S_h,最大水平主应力与垂直应力的比值大于 2,说明地下平均水平应力比垂直应力大。

(5)水平面上的两个主应力方向性往往十分显著,二者应力值也普遍相差较大,具有明显的指向性。

(6)随着深度的加大,垂直应力与水平应力的比值也在逐步增大,其变化速率与应力区属性相关,但总体上均趋近于 1。

除了上述因素外,地应力还会受到地表剥蚀、风化、水流冲击、温度等方面的原因,尤其是断层作用的影响。

现今地表地貌(图 5-1)及实测出露地层产状、地表断裂分布(图 5-2)揭示,研究区内高陡构造及断裂密布,地表变形严重。而实测水平最大主应力仅略大于垂直地应力(张磊,2013;陈利忠,2017),与我国及全球浅表地应力特征一致(景峰等,2007;Heidbach et al.,2018)。上述矛盾揭示,现今可见的强构造形变主要由印支末期至燕山期内的陆内造山运动引发的强水平挤压所导致。基于此,本书选择 AE(声发射)法对研究区中生代造山运动导致的强水平挤压古地应力场进行了研究。

自地应力的作用与影响被观察到以来,其大小与方向的测量一直是专家学者们争相研究的热点问题,至今数十种基于原位工程测量、实验室测试,以及地质、地球物理理论的方法已被提出,并被用于不同区域、不同背景下的地应力测量工作。实践表明,目前所有方法均具有其局限性,例如最为广泛使用的水压致裂法及应力解除法仅适合现今地应力的测量,因此无法满足本次研究的需求。除上述两种方法外,声发射法也被广泛应用于地应力测量工作。

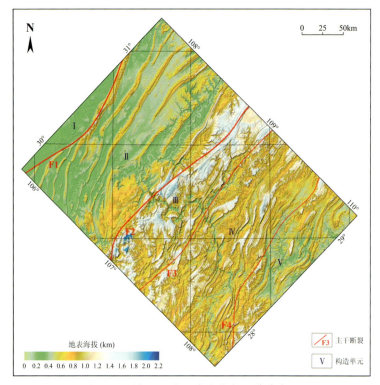

图 5-1　研究区现今地表海拔与地貌分布图

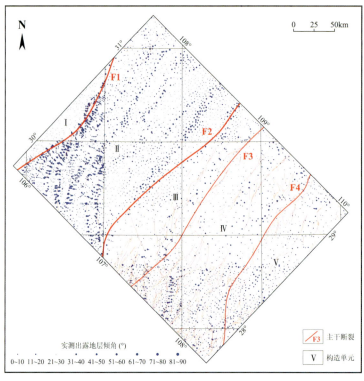

图 5-2　研究区实测出露地层倾角及地表断裂分布图

声发射(acoustic emission,简称 AE)现象是材料在受到外部应力的影响时产生微观尺度的裂缝,并在附加波源的作用下,弹性波在微裂缝空腔内快速释放能量产生明显的声波。在材料经历多期加载过程中,只有当受力超过先前应力时,才会出现明显的声发射现象,即著名的 Kaiser 效应(Kaiser,1953)。因 Kaiser 效应对古应力具有记忆性(Lavrov,2003;Lehtonen et al.,2012),同时也被证实存在于脆性岩石中(Yoshikawa and Mogi,1981;Holcomb,1993),故可用于古地应力值的恢复。AE 法的主要操作是对岩石试样进行单轴加载,记录其受力直至完全破坏过程中的声学反馈特征。在典型的连续加载单轴压缩破坏试验中(图 5-3),岩石类材料 AE 的特征一般呈现出"微裂隙压密(A)""弹性变形(B)""裂缝发生和扩容(C)""裂隙非稳定扩展至破坏(D)""峰后应变软化(E)"及"峰后破坏"(F)6 个阶段。通过记录上述过程中 AE 振幅、门槛值、振铃计数、上升时间、持续时间等特征参数,进行识别处理并获得各参数随时间或应力变化的特征。

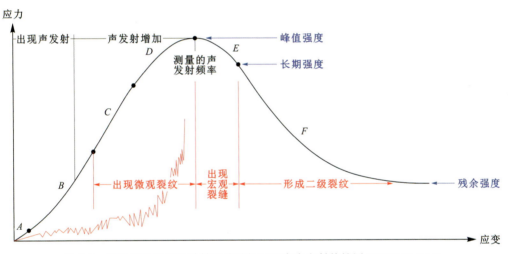

图 5-3　连续加载时岩石单轴压缩破坏过程中声发射特性图(李核归等,2013)

AE 法测试结果的准确性很大程度上取决于 Kaiser 效应点的确定,主要通过作图法进行人工判读,其原理就是依据 AE 的某个参数(或某个参数的累计值)随时间(或应力)变化的急剧程度,最后判断 Kaiser 效应点。典型的识别方法有两种:一种是通过某个参数数值与时间(或应力)关系直接判读,其依据是在某个时间点(或应力点)后是否有大量 AE 产生;另一种是根据 AE 某个参数(或参数累计)与时间(或应力)关系曲线,通过曲线变化急剧点判读。为定量恢复区内中生代古水平地应力值,本书在收集整理了区内已发表的实测古地应力值的基础上,在研究程度较低的西南部地区采集了 7 处野外露头岩样(表 5-1),这些样品均为粗碎屑岩或碳酸盐岩等脆性岩石,整体新鲜无明显节理或裂缝,符合 AE 法的要求。

根据有效应力理论(Biot,1941),沉积岩属于多孔隙介质,其内孔隙流体压力小于岩石骨架所受的实际应力,岩石强度及孔渗性实际受控于有效应力:

$$S = S_{\text{eff}} + \beta \cdot \gamma_{\text{fluid}} \cdot h \tag{5-3}$$

式中:S_{eff} 为有效应力;β 为有效应力系数;γ_{fluid} 为流体压力系数;h 为埋深。

表 5-1　AE 实验采集野外岩样基本信息表

样品号	采样位置			采样地层		地层产状	
	经度(E)	纬度(N)	海拔(m)	年代	岩性	倾向(°)	倾角(°)
S1	105°55′46.68″	29°24′36.49″	396	T_3	砂岩	284	11
S2	106°23′59.51″	29°21′27.49″	388	T_1	泥灰岩	90	32
S3	106°58′35.42″	28°56′41.15″	466	ϵ_1	灰岩	293	19
S4	107°08′52.77″	28°19′04.84″	738	ϵ_3	白云岩	3	22
S5	107°53′32.08″	28°06′40.96″	796	ϵ_1	灰岩	242	18
S6	108°04′52.68″	27°53′32.79″	571	T_1	灰岩	128	4
S7	108°47′00.88″	27°08′26.31″	485	ϵ_1	灰岩	342	3

因实验对象为地表岩样，则地层流体压力可以忽略不计，即测得的古应力值实际上为不包括地层流体压力的古有效应力。本研究只关注两个水平主应力的恢复，因此仅选用地层顺层方向的样品进行测试。野外采样遵循右手法则建立空间坐标系，其中 X 轴方向为走向，Y 轴方向为倾向，XY 方向为二者角平分线，Z 轴方向垂直层面，并将上述各轴标记于岩样之上（图 5-4a、b）。选取 X、Y 及 XY 方向各制取 3 枚直径 25mm、高 50mm 的标准圆柱样，并保证样品两柱面平行度小于 0.02mm（图 5-4c）。上述 3 枚样品中两枚用于测试，另一枚备用。

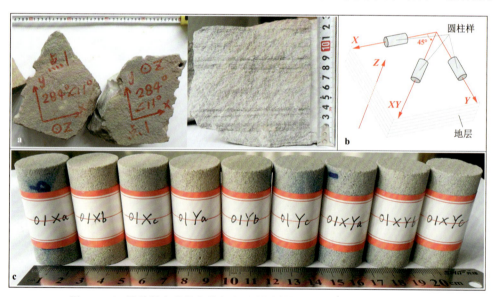

图 5-4　S1 号采样点岩样方位标注、圆柱样钻取方向示意图及成品照片

根据经典弹性力学理论，平面应力受力状态下存在两个主应力，即 σ_1 与 σ_2。根据受力分析可确定任何角度上的主应力分量 σ_θ（图 5-5）：

$$\sigma_\theta = \frac{1}{2}(\sigma_1 + \sigma_2) + \frac{1}{2}(\sigma_1 - \sigma_2)\cos2\theta \tag{5-4}$$

式中：θ 为 σ_1 与 σ_θ 间的夹角，且以逆时针方向旋转为正。

因此,AE 实验中 3 个测试方向的应力分量分别为:

$$\sigma_X = \frac{1}{2}(\sigma_1 + \sigma_2) + \frac{1}{2}(\sigma_1 - \sigma_2)\cos 2\theta \tag{5-5}$$

$$\sigma_{XY} = \frac{1}{2}(\sigma_1 + \sigma_2) + \frac{1}{2}(\sigma_1 - \sigma_2)\cos(90° + 2\theta) \tag{5-6}$$

$$\sigma_Y = \frac{1}{2}(\sigma_1 + \sigma_2) + \frac{1}{2}(\sigma_1 - \sigma_2)\cos(180° + 2\theta) \tag{5-7}$$

联立式(5-5)～式(5-7)可解得:

$$\sigma_1 = \frac{1}{2}(\sigma_X + \sigma_Y) + \frac{1}{2\cos 2\theta}(\sigma_X - \sigma_Y) \tag{5-8}$$

$$\sigma_2 = \frac{1}{2}(\sigma_X + \sigma_Y) - \frac{1}{2\cos 2\theta}(\sigma_X - \sigma_Y) \tag{5-9}$$

$$\tan 2\theta = \frac{2\sigma_{XY} - \sigma_X - \sigma_Y}{\sigma_X - \sigma_Y} \tag{5-10}$$

据此可计算出平面上两个主应力的大小及方位角,计算所得的 σ_1 与 σ_2 中较大的一个即为有效最大水平主应力,另一个为有效最小水平主应力。

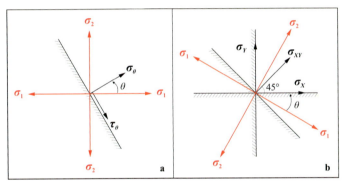

图 5-5　AE 法测试中的应力量计算图解(据 Qiao et al.,2011)
a.平面下正应力与切应力;b.声发射法实测应力与主应力的受力分析

本次 AE 测试在中国地震局地球物理研究所进行。其中,单轴压缩试验使用 MTS 311.31 型四柱压机,其最大载荷为 1000kN,最大位移达 150mm,测量精度优于量程 0.5%,可用载荷、位移、应力、应变等伺服控制;本次实验以 Flex-Test 40 压机控制器控制单轴压缩过程。AE 信号采集系统包括:①美国物理声学公司(Physical Acoustics Corporation,PAC)的 Nano 30 声探头,直径为 8mm;②PAC 的前置放大器,其具有 20dB、40dB、60dB 三档放大功能;③PAC 的 PCI-Ⅱ 数据采集卡,其最高采集频率达 40MHz,计时分辨率低于 250ns,每秒处理存储声发射信号可达 3000 个。

既有试验表明,岩石破坏过程中存在两类 AE 事件:第一类为原有裂隙闭合和颗粒间摩擦引起的摩擦型 AE,第二类为裂缝扩张引起的破裂型 AE。即最大古应力对应的 AE 为第二类,第一类 AE 是干扰(王小琼等,2011)。此外最大古应力对应的 AE 发生于岩石单轴抗压强度(uniaxial compressive strength,简称 UCS)的 30%～80%(Lavrov,2003),岩石受力高于 0.8UCS 开始失稳,此时观测的 AE 事件对应新产生的裂缝。

基于上述事实,本次研究中 AE 测试首先在每组样品每个方向取一枚试样进行单次加载测定UCS,而后取第二枚试样再进行循环加载,第一次加载至0.8UCS,保持0.8UCS,60s后卸载,再进行第二次加载至试样破坏(图5-6、图5-7)。

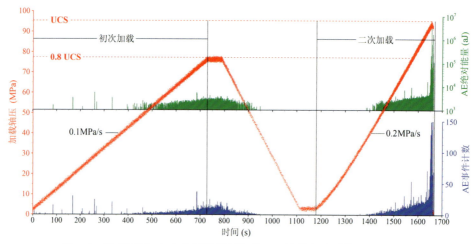

图5-6　S1采样点X方向试样循环加载AE计数与绝对能量记录结果

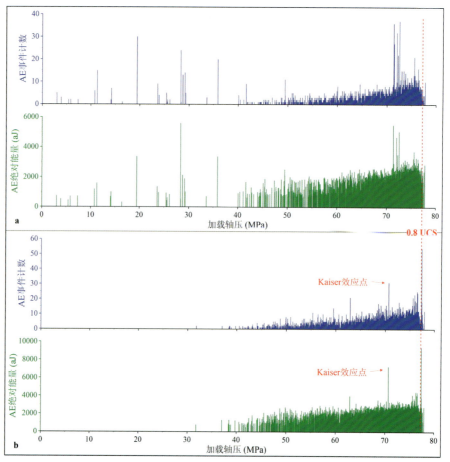

图5-7　S1采样点X方向试样Kaiser效应点读取结果

a.初次加载过程;b.二次加载过程

两次加载是最合理的加载方式,相比单次加载能有效压制摩擦型 AE 的干扰,同时不会和三次加载一样引起新的破裂型 AE。获得测试结果后,根据加载过程中声探头及采集器持续记录 AE 事件计数与绝对能量随时间的变化,收集后以加载轴压为变量对计数和能量作图,将计数及能量陡然增大的点识别为 Kaiser 效应点(图 5-7),并用于平面主应力值的计算。

二、研究区古最大有效水平地应力特征

7 组野外露头样品的 AE 测试结果如表 5-2 所示。实验结果显示,所有试样的实测单轴抗压强度均比古地应力值高,即达到了获取高质量的 Kaiser 效应点的要求,表明测试结果可信。计算所得的有效最大水平主应力与最小水平主应力分别介于 74.7~117.0MPa 和 50.8~91.8MPa 之间,计算所得的最大主应力方位角介于 108.1°~157.1°(288.1°~337.1°)之间,指示区内主要的挤压方向为 NW-SE,与实际构造走向及地层倾向相吻合(图 5-8)。

表 5-2 野外样品 AE 实验测试及地应力计算结果统计表

点号	倾向(°)	样品号	UCS(MPa)	Kaiser 效应点(MPa)	$S_{H\text{-eff}}$(MPa)	$S_{h\text{-eff}}$(MPa)	$S_{H\text{-eff}}$方位角(°)	$S_{h\text{-eff}}$方位角(°)
S1	284	S1X	95.41	70.65	84.5	61.3	323.4	233.4
		S1XY	104.93	61.52				
		S1Y	100.36	75.16				
S2	90	S2X	98.66	59.88	87.9	56.9	108.1	18.1
		S2XY	93.17	63.24				
		S2Y	109.87	84.92				
S3	293	S3X	132.55	93.76	106.0	82.2	337.1	247.1
		S3XY	129.88	83.23				
		S3Y	149.38	97.47				
S4	3	S4X	119.78	69.21	85.3	59.3	144.9	54.9
		S4XY	123.32	84.94				
		S4Y	110.32	75.43				
S5	242	S5X	147.76	107.46	117.0	91.1	114.7	204.7
		S5XY	167.91	91.56				
		S5Y	149.06	100.62				
S6	128	S6X	133.59	50.89	74.7	50.8	125.3	35.3
		S6XY	158.28	63.92				
		S6Y	129.89	74.68				
S7	342	S7X	155.80	95.55	101.3	91.8	302.9	212.9
		S7XY	153.46	101.18				
		S7Y	155.55	97.49				

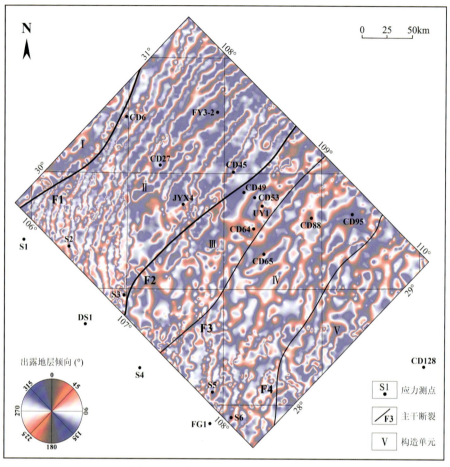

图 5-8 研究区出露地层倾向分布图

为综合评价研究区中生代造山运动中的水平主应力情况,本书汇总了公开发表的文献中涉及的研究区及邻区的古水平地应力测试结果(表 5-3)。通过调研焦石坝地区与黔北地区实测现今地应力结果(Sun et al.,2015;Liu et al.,2019;Xu et al.,2019)及 World Stress Map 数据集(Heidbach et al.,2018),不难发现研究区现今浅表地下以走滑背景($S_H>S_V>S_h$;Anderson,1951),甚至是正断层力学背景($S_V>S_H>S_h$;Anderson,1951)为主,且水平主应力多小于 60MPa。据此,本次测试所得较大的有效水平应力应为古应力值。此外,雪峰隆起上点 CD128 白垩系岩样测试值仅为 44.6MPa,因此本次测试获得的较大的古应力值应为白垩纪之前的印支期—燕山期造山运动的结果。

综合各测点的取样地层年代、埋深,另结合研究区主干断裂及出露地层倾角分布(图 5-9)特征,本研究获得几点认识:①钻井样品测得的古水平地应力值普遍高于露头样品的测试结果,主要归因于露头样品遭受了风化与应力卸载,降低了其 Kaiser 效应对古地应力的记忆能力(Lavrov,2003;Lehtonen et al.,2012);②相同构造区域内埋藏较深或较老地层测得的地应力值要高于浅部或年轻地层的测试值,主要归因于埋深越大的地层上覆岩石自重应力的分量越大,这导致水平地应力同样更大(Brown and Hoek,1978;Schmitt et al.,2012);③主干断裂带附近测得的应力值要高于远离断裂带的区域,地层倾角较大的区域测试值也更高,指示断裂带及褶皱翼部等应力集中区域的水平应力值更高(张小琼等,2015;Liu et al.,2019;Xu et al.,2019)。

综合上述认识,本书编制了研究区中生代造山运动所经历的古有效最大水平主应力分布图(图 5-10),应力整体上自东南造山带至四川盆地内逐渐减弱。

表 5-3 研究区实测古有效最大水平地应力结果统计表

点号	地层年代	样品埋深(m)	$S_{H\text{-eff}}$(MPa)	数据来源
S1	T	0 (露头样品)	84.5	本次研究
S2	T		87.9	
S3	∈		106.0	
S4	∈		85.3	
S5	∈		117.0	
S6	T		74.7	
S7	∈		101.3	
CD6	T		35.0	Tang et al.,2012
CD27	J		34.4	
CD45	J		93.0	
CD49	P		86.5	
CD53	∈		67.6	
CD64	P		70.6	
CD65	T		73.0	
CD88	T		71.6	
CD95	O		71.3	
CD128	K		44.6	
CD137	Z		92.8	
Cui09	∈		102.6	崔敏等,2009
DS1	S	4353~4363	85.6	闫立志,2017
FG1	∈	2491~2503	162.9	Wu et al.,2017
FY3-2	J	2180~2200	56.5	何龙等,2014
JP1	T	4171~4178	43.5	李智武等,2005
JYX4	S	2524~2595	44.0	Liu et al.,2019
TM1	∈	1405~1483	151.0	Liu et al.,2017
UY1	S	0~326	148.8	Zeng et al.,2013

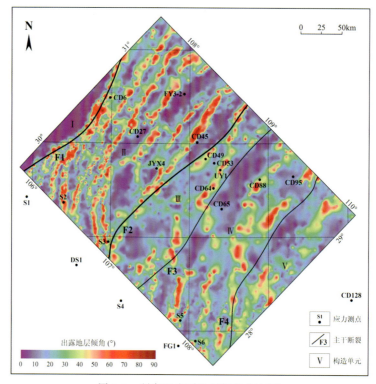

图 5-9 研究区出露地层倾角分布图

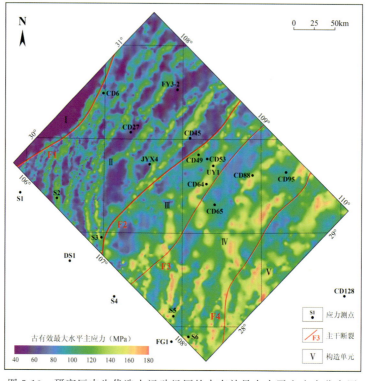

图 5-10 研究区中生代造山运动经历的古有效最大水平主应力分布图

第二节 页岩破裂概率评估

一、强构造挤压导致的页岩破裂模型

区内富有机质页岩在造山运动前整体处于持续埋藏沉降状态。此时,水平地应力仍以自重应力的水平分量为主。造山运动开始后,研究区自造山带向盆内发生水平挤压,构造应力开始起主导地位。对于区内任意部位,当由递进变形扩展到达时,页岩埋藏作用宣告停止,随即接受抬升剥蚀,此刻即处于其所经历的古最大埋深(记为 D_{max};图 4-15)。此时水平地应力,尤其是最大水平地应力(记为 $S_{H\text{-com}}$)的主要组成部分成为构造应力,该应力剔除当时地层流体压力的部分即上一节所测得的古有效最大水平地应力(即 $S_{H\text{-eff}}$;图 5-10)。考虑到挤压初始阶段可视作页岩尚未开始形变,也未发生破裂,即此时的地层流体压力可视作最大埋深时对应的古最大地层流体压力,其流体压力梯度记为 $\gamma_{fluid\text{-max}}$。于是有

$$S_{H\text{-com}} = S_{H\text{-eff}} + \beta \cdot \gamma_{fluid\text{-max}} \cdot D_{max} \tag{5-11}$$

此时,页岩地层承受的围压 P_{com} 为

$$P_{com} = (\gamma_{rock} - \beta \cdot \gamma_{fluid\text{-max}}) \cdot D_{max} \tag{5-12}$$

式中:岩石容重 γ_{rock} 取 $27kN/m^3$(Brown and Hoek,1978);有效应力系数 β 取 1.0。

页岩的三轴抗压强度 T_{com} 与围压 P_{com} 直接相关(图 3-20):

$$T_{com} - P_{com} = k \cdot P_{com} + UCS \tag{5-13}$$

对式(5-13)进行整理,则有

$$T_{com} = (k+1) \cdot P_{com} + UCS \tag{5-14}$$

式中:UCS 为页岩单轴抗压强度(图 3-21);k 为页岩三轴抗压强度计算斜率(图 3-22)。

若页岩受强挤压产生破裂,则所受水平应力须超过此刻页岩的三轴岩石力学强度,才能在水平地应力主导下发生剪切破裂,即有

$$S_{H\text{-com}} \geqslant T_{com} \tag{5-15}$$

自封闭性好的富有机质页岩,一般均发育由液烃高温裂解成气导致的异常高压,而页岩产烃能力则受控于其有机质丰度,即古最大地层流体压力应与其 TOC 含量呈正相关性。古流体压力恢复结果表明,TOC 含量为 3.0% 的 FL1 井古压力系数为 1.8(Gao et al.,2019),TOC 含量为 2.5% 的 PS1 井古压力系数为 1.7(袁玉松等,2020)。本研究另指定,TOC 含量为 5.0% 与 1.0% 时的古压力系数分别为 2.0 与 1.2,据此拟合 TOC 含量与古压力系数的线性关系,则可根据 TOC 含量(图 3-2)可推测古最大地层流体压力系数(图 5-11)。

根据式(5-11)~式(5-14)可计算 $S_{H\text{-com}}$(图 5-12)与 T_{com}(图 5-13),以及前者与后者的比值(定义为挤压破裂指数;图 5-14)。

二、抬升作用导致的页岩破裂模型

在经历了主要变形期的强挤压后,构造应力减弱,水平地应力再次回归于以岩石自重的水平分量为主。目前对抬升剥蚀造成页岩破裂的多数研究认为,快速抬升剥蚀导致页岩上覆

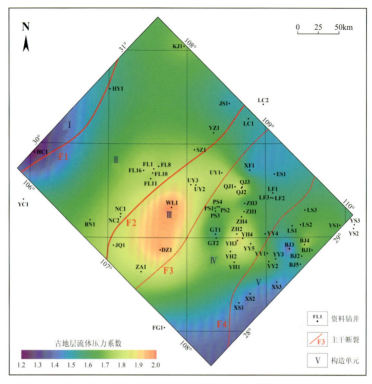

图 5-11　龙一段一亚段页岩达最大埋深时的古流体压力系数分布图

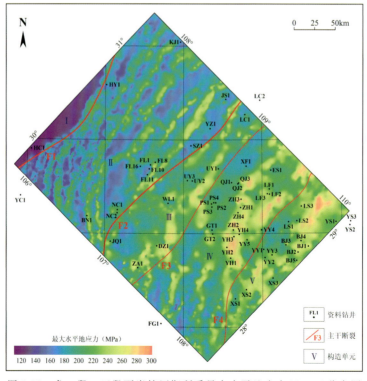

图 5-12　龙一段一亚段页岩挤压期所受最大水平地应力（S_{H-com}）分布图

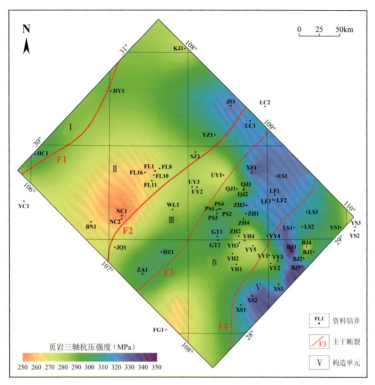

图 5-13 龙一段一亚段页岩挤压期三轴抗压强度（T_{com}）分布图

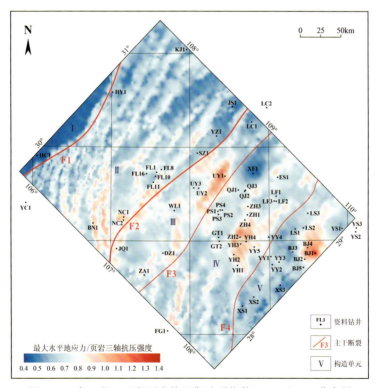

图 5-14 龙一段一亚段页岩挤压期破裂指数（$S_{H\text{-}com}/T_{com}$）分布图

岩层厚度降低,从而使其承受的围压减小。岩石的自身受力一般存在一定的滞后,可假定在抬升初始的一段时间内,页岩承受的水平地应力大小仍维持于抬升剥蚀之前的水平(张海涛等,2018;张昆,2019)。据现今黔北地区实测地应力数据(陈利忠,2017),其最大水平地应力与埋深呈线性关系。据此,抬升前最大水平地应力(记为 $S_{\text{H-up}}$)可通过古最大埋深计算($D_{\max}$;图 4-15):

$$S_{\text{H-up}} = 0.022\,9 \cdot D_{\max} + 4.65 \tag{5-16}$$

在页岩尚未发生破裂时,其地层流体压力仍维持于之前的水平(图 5-11)。抬升后,深度降至现今埋深(D_{now};图 4-3),此时页岩地层承受的围压(P_{up})为

$$P_{\text{up}} = (\gamma_{\text{rock}} - \beta \cdot \gamma_{\text{fluid-max}}) \cdot D_{\text{now}} \tag{5-17}$$

而此时页岩的三轴抗压强度(T_{up})与围压(P_{up})直接相关(图 3-20):

$$T_{\text{up}} - P_{\text{up}} = k \cdot P_{\text{up}} + \text{UCS} \tag{5-18}$$

对式(5-18)进行整理,则有

$$T_{\text{up}} = (k+1) \cdot P_{\text{up}} + \text{UCS} \tag{5-19}$$

若页岩受抬升压产生破裂,则所受水平应力须超过此刻页岩的三轴岩石力学强度,才能在水平地应力主导下发生剪切破裂,即有

$$S_{\text{H-up}} \geqslant T_{\text{up}} \tag{5-20}$$

根据式(5-16)~式(5-20)可计算 $S_{\text{H-up}}$(图 5-15)与 T_{up}(图 5-16),以及前者与后者的比值(定义为抬升破裂指数;图 5-17)。

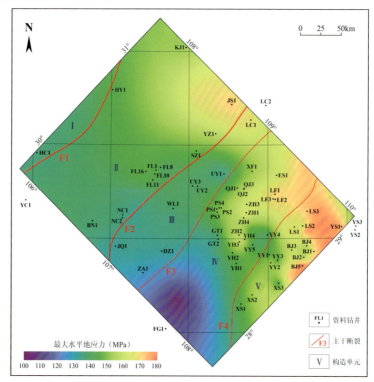

图 5-15 龙一段一亚段页岩抬升期所受最大水平地应力($S_{\text{H-up}}$)分布图

第五章 区域应力与页岩破裂概率

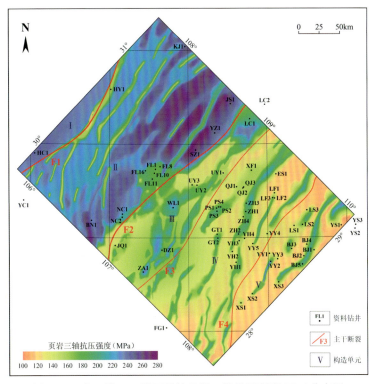

图 5-16 龙一段一亚段页岩抬升期三轴抗压强度（T_{up}）分布图

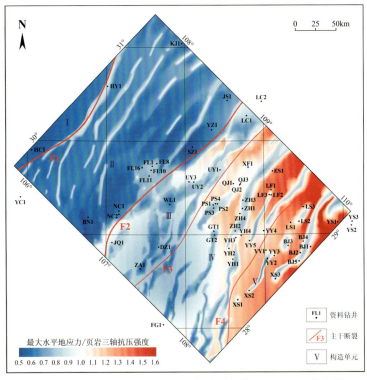

图 5-17 龙一段一亚段页岩抬升期破裂指数（$S_{H\text{-}up}/T_{up}$）分布图

三、页岩区域破裂概率预测

岩石发生破裂的实质是其所受外部应力超过当时所处围压状态下的岩石强度,导致材料自微观层面出现局部破裂逐步扩展至宏观尺度,伴随产生了形态及体积变化,最终失稳并导致不可逆的形变。岩石材料自身的物质组构及所处应力背景具有极强的非均质性,其局部破裂具有极强的偶然性,且难以进行精确的刻画与预测。即便如此,从宏观尺度上来看,岩石的破裂仍可用概率统计模型进行预测,即通过对比外部应力与内在强度的相对大小进行判识。

如图5-7所示,岩石所受外力在逐步增加的过程中,其受力发生破裂的概率也在持续变化。一般认为,当岩石所受外部应力小于其自身强度的60%时,基本不发生形变,整体性质较为稳定;当外部应力达自身强度的80%时,岩石开始失稳,逐步产生微裂隙;当所受应力达到其三轴抗压强度时,岩石大概率会发生显著的形变与破裂;当外力超过三轴抗压强度达一定程度时,不可逆的破裂过程显然无法避免。据此,本研究计算的富有机质页岩在挤压期的破裂指数(图5-14)与抬升期的破裂指数(图5-17),可以用于表征页岩受外力发生破裂的概率。

在挤压过程中,各高陡构造,尤其是东南部邻近动源的区域,古构造应力大,导致最大水平地应力值相对较大(图5-12),进而导致其所受外力超过了当时条件下的页岩三轴抗压强度,发生破裂的概率大,其中盆外以保靖地区BJ1井、渝东南地区ZH2井及UY1井附近地区最为显著。盆内地区则以紧闭背斜的核部发生破裂的可能性较大(图5-14)。在抬升过程中,构造应力较弱,其水平地应力值与古最大埋深相关,从而导致北部地区水平地应力高于南部地区(图5-15)。而现今埋深呈现出盆外地区明显小于盆内地区的特征,现今页岩强度最终呈SE-NW向递减趋势(图5-16)。在上述两种强度的共同控制下,研究区东部地区受抬升过程影响发生破裂的可能性显著大于西部地区(图5-17),这与整体抬升剥蚀总量的趋势(图4-16)也保持一致。总体而言,研究区经历过的强水平挤压及巨幅的抬升剥蚀极大地加剧了富有机质页岩的破裂,进而影响着页岩气的区域保存条件。

第六章　页岩气侧向输导散失过程

区域地质调查成果显示，研究区龙马溪组富有机质页岩的剥蚀出露区主要发育于齐岳山断裂带以东的盆外断褶带内(图4-1)。因此，通过地表剥蚀出露区发生的页岩气侧向输导散失过程也以盆外地区为主。考虑到该褶皱区现今背斜核部普遍出露奥陶系至新元古界，龙马溪组目的层几乎剥蚀殆尽，尚存希望的富有机质页岩主要发育于残留向斜核部，故需对向斜构造背景下的页岩气侧向散失过程及控制因素进行研究。

区域递进变形理论(丁道桂和刘光祥，2007；丁道桂等，2007)、地层接触关系(胡召齐等，2009)与磷灰石裂变径迹测试(梅廉夫等，2010；石红才等，2011；王平等，2012；李双建等，2016)等研究结果认为湘鄂西-黔北隔槽式褶皱带是发生于晚侏罗世—早白垩世间的燕山运动导致的挤压变形、强烈抬升及晚白垩世以来的喜马拉雅运动导致的巨量剥蚀三者共同作用的产物。燕山期以来的挤压环境所产生的高陡构造，使页岩目的层由近水平沉积逐步转变成高陡产状，为页岩层内天然气受位势差驱动自向斜核部顺水平裂缝向翼部渗流扩散提供了可能。

对页岩气侧向散失的过程及控制因素的研究，显然需在恢复整个动态演化过程的基础上进行，因此需借助在构造地质学、地层学及油气地质学等实际资料约束下的定量数字模拟技术。位于研究区中部的桑柘坪向斜，具有较丰富的地球物理、钻测井及分析测试资料，故本书选取其为对象建立了高精度的油气地质模型，利用Petromod™软件系统对典型二维剖面进行了模拟，并以之为例对向斜背景下富有机质页岩烃类生成、输导及散失过程进行了恢复。

第一节　模型建立及参数设置

一、构造-层序地层格架的建立

桑柘坪向斜位于彭水地区东南部，核部出露三叠系，且较为宽缓；翼部发育奥陶系—二叠系，产状较陡；褶皱延伸较远，整体轴向NE向。为给选定的二维剖面搭建精细、准确的地质格架，本书综合了实测地表海拔数据(图6-1a)、过剖面的PS1井钻井分层数据、基于三维地震解释的全区龙马溪组底部的双程旅行时间(图6-1b)及区域地质背景概要图(图2-1)等资料，确定了剖面各地质界面的空间分布，并最终获得了现今的地质模型(图6-1c)。模拟过程中选用的网格步长为10m，能够实现对富有机质页岩层的精细刻画。

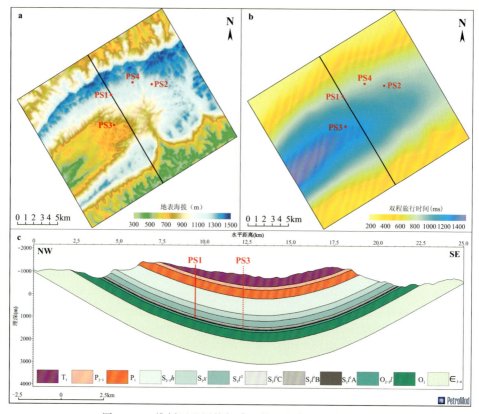

图 6-1 二维剖面地层构架建立使用的资料及建模结果

a. 现今地表海拔；b. 龙马溪组底部双程旅行时间（据刘义生，2019）；c. 二维模拟选用的现今地质模型

在确定了模拟使用的现今地质模型基础上，需对其构造演化史进行恢复。本书第四章已经提到，川东南地区在中生代—新生代曾存在过多期强度不一的构造作用。基于磷灰石裂变径迹测试结果所得的热史路径可知，PS1 井经历了三段式（120～90Ma、90～25Ma、25～0Ma）的隆升剥蚀过程（图 6-2），其中早燕山期（120～90Ma）在抬升的同时伴随着强烈的挤压变形，

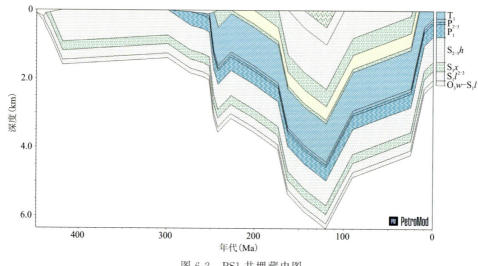

图 6-2 PS1 井埋藏史图

桑柘坪向斜的基本形态即形成于该期。此外,磷灰石裂变径迹测试及古地温恢复分析结果指示,研究区加里东期、印支期剥蚀量小于400m,燕山期—喜马拉雅期剥蚀量则大于3500m。结合徐二社等(2015)对PS1井进行热演化、生排烃史模拟的参数设置,本次研究将一维、二维模型加里东期、印支期、燕山期—喜马拉雅期剥蚀量分别指定为200m、400m及4200m,抬升前地表海拔指定为300m(现今四川盆地内构造稳定区平均海拔)。二维剖面褶皱变形、隆升、剥蚀幅度以PS1井构造演化史为标杆进行指定,并依据现今单井-剖面相对位置及地质界面匹配标定结果,将单井构造演化模式推广至剖面,并作为本次二维模拟的构造演化格架(图6-3)。

二、关键参数设置

1. 地层学参数

本次模拟中各地层选取及分组原则以钻井分层为基础,遵循主要目的层单独作为研究对象(如龙马溪组分为龙一段、龙二段及龙三段,龙一段进一步细分为4个小层),非目的层岩性类似地层进行合并(如上二叠统、下二叠统各组)及沉积速率差异较大分开设置等原则。各地层发育时间参照国际最新的年代地层表设置。各地层单元岩性使用软件内置各纯岩性端元进行混合设置(表4-5);寒武系及奥陶系底板设置为灰岩;上覆地层(志留系小河坝组—三叠系大冶组)根据录井岩性厚度加权结果进行设置;被剥蚀层段(上三叠统—白垩系各组)参照区域地层岩性进行设置;富有机质页岩目的层段(五峰组—龙一段)的岩性参考实测全岩矿物组分结果进行设置。

页岩气由于具有自生自储的地质特点,其目的层不可参照常规油气模拟时以二级或三级地层层序为单元进行设置,每套页岩必须视作基础独立单元,划分层段需足够精细且独立设置相关参数(杨升宇等,2016)。本次研究根据PS1井页岩目的层段矿物含量、有机质丰度及含气量测试结果(图6-4),对五峰组—龙马溪组页岩进行了进一步细分,并为各小层独立设置了烃源参数(表6-1)。

2. 生烃动力学参数

在保存条件良好的情况下,页岩属于封闭性油气系统,成烃演化模拟结果对最终烃类含量的影响较常规油气模拟更大。同时,目前研究发现的页岩气成因多为有机质在高—过成熟阶段形成的干酪根、原油裂解气,其二次裂解参数较常规油气模拟需更精确的进行设置。因此页岩成烃模拟过程中的生烃动力学参数不宜选用默认模型,理论上需对研究区低成熟页岩样品进行热压模拟实验,再依托测试结果进行设置。然而PS1井实测镜质体反射率结果揭示研究区内页岩目的层已达过成熟阶段,且热解试验结果中游离烃含量、热解烃含量及氢指数测试值极低,残余碳含量较高,热解峰温异常,均指示本区页岩样品不适合进行生烃动力学测试,这也是我国南方页岩生烃动力学研究的普遍难点之一。因龙马溪富组有机质页岩与北美页岩在物质基础方面具有较高的相似性与可类比性,本次模拟选用软件内置的北美Woodford页岩生烃动力学模型(图6-5)。

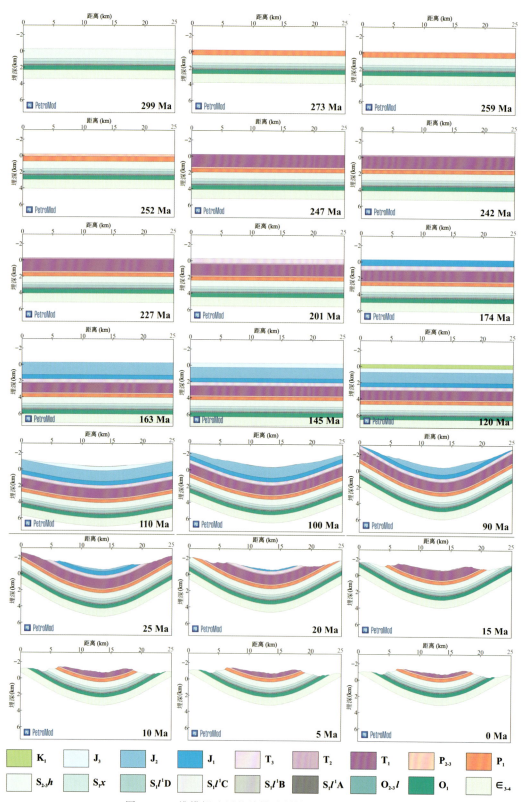

图 6-3 二维模拟选用的关键时刻构造-地层格架一览

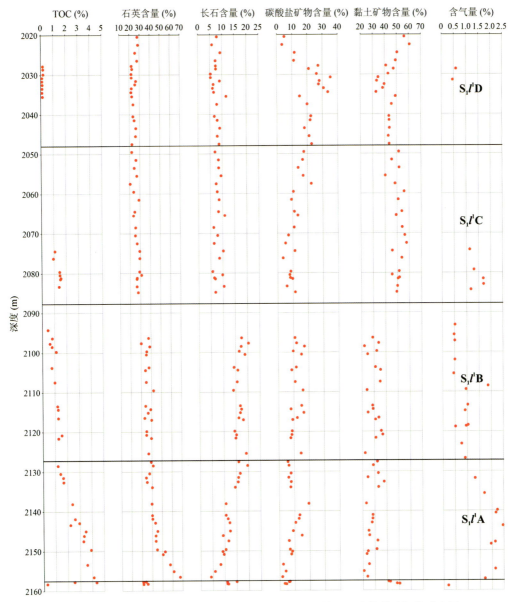

图 6-4 PS1 井龙马溪组富有机质页岩层段分析测试结果及建模单元细分示意图

表 6-1 建模过程中龙一段页岩各小层参数设置

分层	厚度(m)	岩性占比(%)			初始 TOC(%)	初始 HI (烃/TOC)(mg/g)	兰氏体积 (m^3)	吸附压力 (MPa)	解吸能 (kJ/mol)
		页岩	粉砂岩	灰岩					
S_1l^1D	300	55	30	15	/				
S_1l^1C	40	50	40	10	1.2	600	1.79	0.92	17
S_1l^1B	40	35	55	10	1.5	700	1.93	1.25	17
S_1l^1A	30	30	60	10	4.5	900	2.86	2.24	18

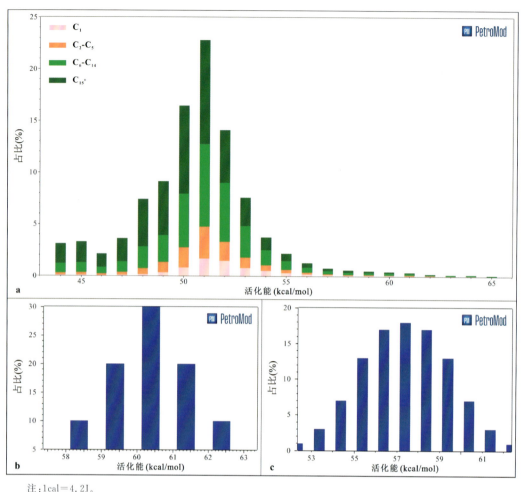

注:1cal=4.2J。

图 6-5 二维模拟使用的生烃动力学模型输入参数

a. 初次裂解活化能分布;b. C_6-C_{14} 组分二次裂解活化能分布;c. C_{15+} 组分二次裂解活化能分布

3. 热学边界条件

模拟中主要涉及的热学边界条件包括古水深、古沉积层表面温度及古热流等三项参数（图 6-6）。其中古水深参照区域地质资料中各时期沉积环境及相对海平面变化的描述进行定性设置。沉积层表面温度即海相、过渡相沉积时期的海底温度或陆相沉积时期的地表温度。参数设置参考软件内置的沉积面温度-水深关系数据库及研究区年平均气温（17.5℃）进行设置。徐二社等（2015）通过调研总结研究区古地温研究成果恢复了 PS1 井古地温梯度演化值。本次研究首先利用古地温梯度值与地层岩石热导率，根据计算公式（大地热流=地温梯度×岩石热导率）大致估算古热流值，再通过单井热、成熟史模拟结果与钻井实测地温及有机质成熟度值的拟合关系进行校正（图 4-10），并最终确定了大地热流史输入参数。

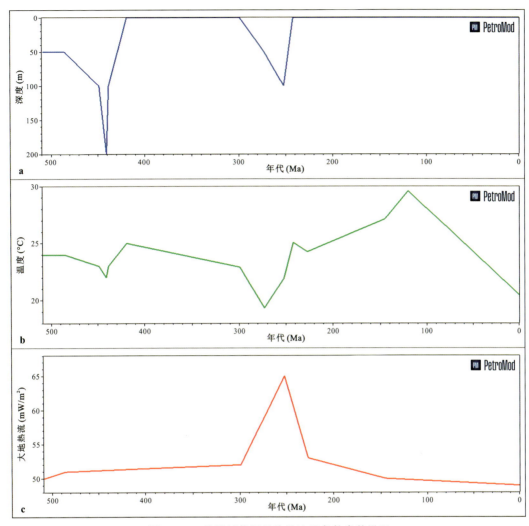

图 6-6 二维模拟使用的热学边界条件参数设置
a.水深演化史；b.沉积层表面温度演化史；c.基底热流演化史

第二节 模拟结果及其意义

一、页岩成烃演化及天然气输导过程

为了定性研究页岩成油-裂解成气的演化模式及确定成烃演化的大致时序，在对页岩气散失过程进行恢复前，有必要先对页岩成烃演化-输导过程开展分析。在前文热学参数校正的基础上，本次研究首先在机械压实、孔隙度及渗透率参数输入为默认设置的情况下，选择达西流法对桑柘坪向斜的热-成熟演化史（图 6-7）、富有机质页岩层内的原油聚集量（图 6-8）及含气量（图 6-9、图 6-10）进行了模拟。

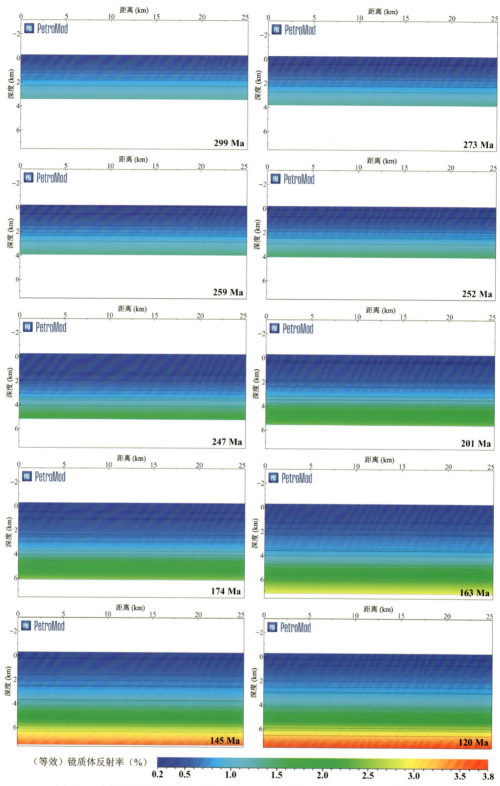

图 6-7 桑柘坪向斜加里东运动后至最大埋深时段内热-成熟演化史模拟结果

第六章 页岩气侧向输导散失过程

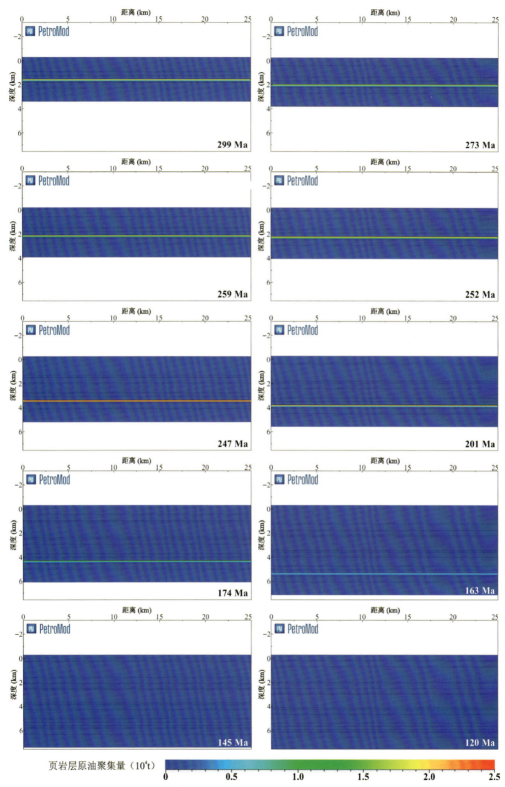

图 6-8 桑柘坪向斜加里东运动后至最大埋深时段内原油聚集量模拟结果

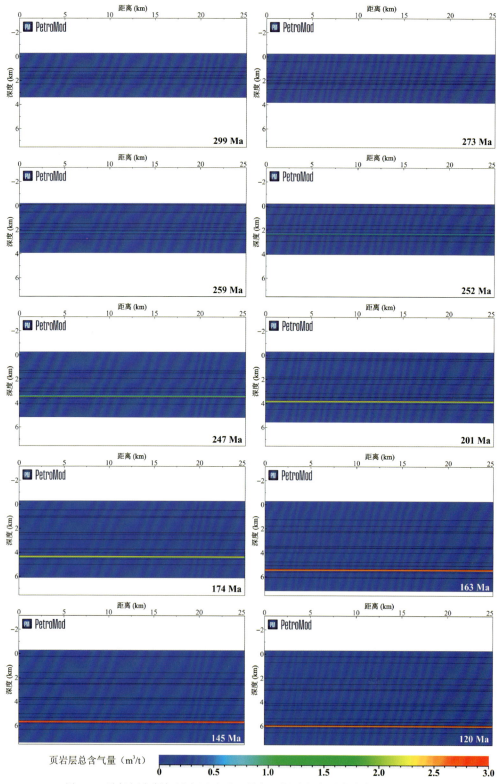

图 6-9　桑柘坪向斜加里东运动后至最大埋深时段内页岩含气量模拟结果

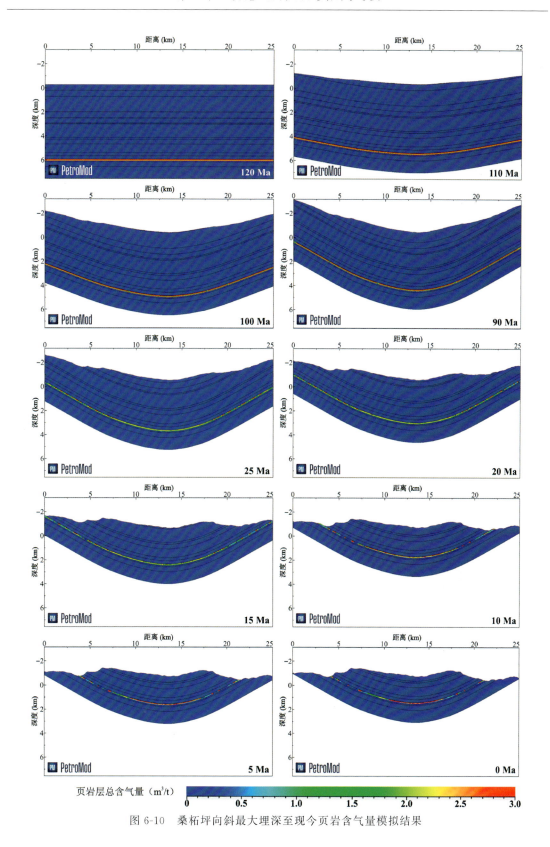

图 6-10　桑柘坪向斜最大埋深至现今页岩含气量模拟结果

热-成熟史模拟结果(图6-7)指示,龙马溪组富有机质页岩于晚志留世即步入生烃门限($R_o=0.5\%$),此后热成熟度持续增加,并于三叠纪进入生气窗($R_o=1.3\%$),后并于中侏罗世进入原油裂解窗($R_o=2.0\%$),至120Ma达最大埋藏深度时热演化停止,页岩整体处于高—过成熟状态,核部R_o值大于3.0%。

因页岩有机质以倾油型(Ⅰ型-Ⅱ$_1$型)母质为主,早期以原油为主要产物,产气较少(图6-8、图6-9)。因页岩垂向渗透率较小,所产原油主要积累于目的层及邻近地层(顶、底板)内,仅发生少量垂向渗流与散失。随着埋深加大,地层温度上升,目的层内积累的原油逐步裂解为天然气,原油含量减少,直至裂解殆尽。相较之下,裂解气含量自晚古生代末期开始显著增加,于埋深最大时(120Ma)达极大值。后期受变形→隆升→剥蚀作用影响,天然气受向斜位势差驱动,逐步自核部向翼部输导扩散。在目的层翼部暴露地表后,天然气发生散失,最终导致核部含气量明显高于翼部(图6-10),这一趋势与现今PS1井含气量与地层压力明显小于核部PS3井(图6-1)的实际勘探结果相符。

在页岩层内油气输导运移过程中,渗透率的计算选取软件中的多点模型,即孔隙度的算术值及渗透率的对数值通过若干散点控制。软件中对页岩的渗透率设置为在孔隙度为15%时发生明显降低。富有机质页岩基质垂向渗透率默认值通常为$10^{-8}\mu m^2$(10nD)量级,高于北美页岩及我国南方页岩样品利用非稳态法的实际测试值(Bhandari et al.,2015;Pan et al.,2015;Ma et al.,2016)。为确定与实际勘探情况相符的渗透率参数量级,本研究将渗透率增大系数控制为1.0的条件下,对不同基质垂向渗透率量级参数输入的模型下进行了含气量演化模拟。结果表明,页岩基质垂向渗透率在$10^{-8}\sim10^{-9}\mu m^2$量级条件下存在天然气垂向散失过多的情况,而在$10^{-9}\sim10^{-10}\mu m^2$量级条件下与实际情况较为吻合。

基于上述所有模拟结果,我们可以对向斜背景下天然气侧向散失机理做出初步推断:早期由于页岩顶底板封闭良好,生烃及裂解作用产生显著超压,有效降低页岩地层有效应力,大大提高了实际孔、渗性的各向异性,利于气体发生侧向渗流;晚期气体受高陡构造背景控制下发生侧向运移,核部气体向翼部散失,翼部边缘气体散失殆尽后导致有效应力恢复正常状态,孔、渗各向异性降低,气体逸散受阻。

二、页岩气侧向输导散失的影响因素

研究区自东南造山带至西北盆内地区最为显著的差异即构造抬升的时序(图4-7)与受构造挤压导致的构造形态产状(图5-9)在各构造部位不尽相同。页岩经历的抬升作用时长决定了天然气侧向输导散失的总时长,地层倾角则控制了向斜背景下核部到翼部的位势梯度,二者将不可避免地影响页岩气最终的赋存结果。为进一步探求上述两项控制因素对向斜背景下页岩气侧向散失过程的影响,本研究运用控制变量法,在保持其他参数设置不变的条件下,进行了两组对比性质的模拟研究。

(1)通过改变页岩抬升过程中"中段平台期"的总时长,实现不同抬升总时长的系列模型的建立(图6-11),并对抬升总时长80~160Ma间共9种对比模型进行了含气量模拟(图6-12)。

(2)维持二维剖面纵向深度不变,保持页岩埋藏演化过程与原始模型一致;通过改变剖面

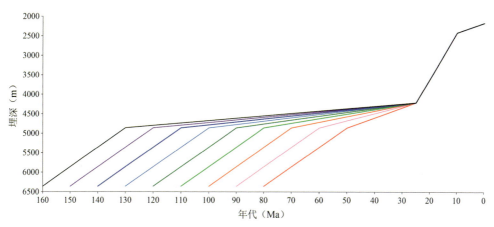

图 6-11　不同抬升总时长下 PS1 井富有机质页岩自最大埋深以来的埋藏演化史对比

的水平总长度,实现不同翼部倾角系列模型的建立(图 6-13),并地层倾角 5°～45°间共 9 种对比模型进行了含气量模拟(图 6-14)。

1. 抬升总时长对页岩气侧向散失的影响

通过对比不同抬升总时长模型系列现今含气量模拟结果(图 6-12)不难发现,随着抬升总时长自 80Ma 增大至 160Ma,页岩气的侧向散失整体呈加剧的趋势,具体表现为向斜核部高含气段的水平范围逐渐减小,同时核部的含气量也逐步降低。当抬升总时长为 80～90Ma 时,向斜核部均为高含气量段;自 100Ma 时起,因天然气自核部向翼部输导作用增强,部分区域开始出现相对低含气特征;至 130Ma 时,核部高含气段与中等含气段比例近似;而至 140Ma 时中等含气段占比逐步超过高含气段;当抬升总时长达 160Ma 时,核部已以中等含气段为主。

为更直观地展现各抬升总时长模拟结果的差异,本研究进一步将不同抬升时长模型系列自向斜 NW 翼至核部的现今含气量模拟数据导出,在剔除了因崎岖地表导致的目的层埋深及含气量突变的异常点后,形成了直观的散点图(图 6-15)。总体而言,可根据含气性将向斜自剥蚀区向核部的方向划分为 3 个带:①散失区(图 6-15 距出露区水平距离 3km 左右范围内),其含气量整体极低,表明该区与外部沟通顺畅,页岩气基本已散失殆尽;②过渡区(图 6-15 距出露区水平距离 3～6km 范围内),其含气量向核部呈递增趋势,但仍与核部高含气区具有一定差距,表明该区是核部向翼部扩散补充天然气及向翼部输导散失的结合部位;③稳定区(图 6-15 距向斜核部水平距离 0～3km 范围内),该区含气量稳定,且明显高于过渡区,是页岩气保存条件尚佳的区域。

虽然各抬升总时长的模拟含气量分布均可明显划分为上述 3 个带,但随着抬升总时长的不断增加,其过渡区与稳定区的范围也逐渐发生变化,具体表现为过渡区向核部扩张,且整体宽度增大,稳定区则逐渐收缩。同时随着抬升时长的增加,过渡区及稳定区的含气量也呈逐步降低的趋势,如 160Ma 时稳定区含气量甚至与 80～90Ma 时过渡区含气量高值处于相同水平。

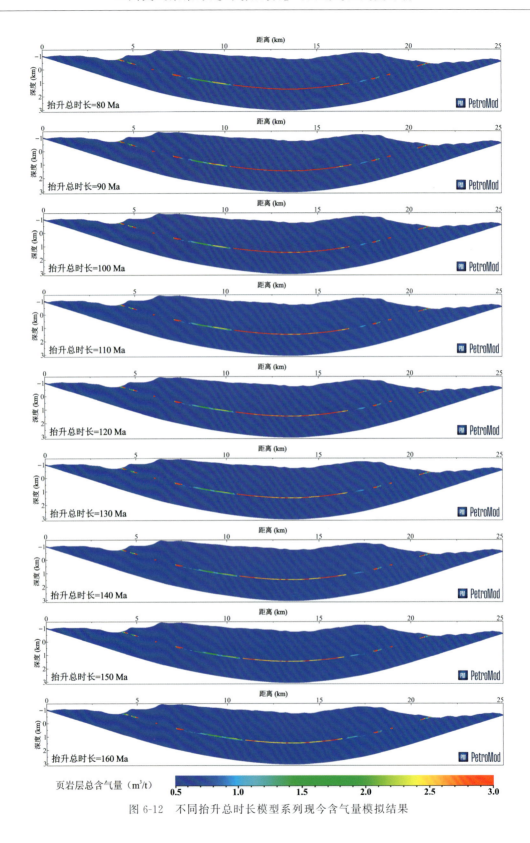

图 6-12 不同抬升总时长模型系列现今含气量模拟结果

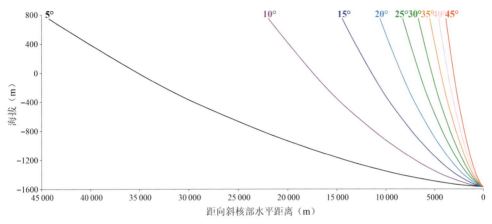

图 6-13　不同翼部地层倾角模型的龙马溪组相对形态对比图

2. 地层倾角对页岩气侧向散失的影响

对比不同地层倾角模型系列现今含气量模拟结果(图 6-14)可发现,地层倾角对页岩气的侧向散失作用的影响较抬升总时长显著得多。同样,为更直观地展现各地层倾角模拟结果的差异,本研究将不同地层倾角的模型自向斜 NW 翼至核部的现今含气量模拟结果导出,在剔除了异常点后成图进行对比分析(图 6-16)。

随着地层倾角的逐步加大,向斜核部高含气带的宽度及含气量本身都呈快速下降趋势(图 6-14):当地层倾角小于 10°时向斜核部仍有较大范围含气量较高;当地层倾角至地层倾角达 20°时,高含气范围已大幅减少;当地层倾角为 30°时向斜核部仍残留少数高含气区;而当地层倾角至 35°时高含气区已消失;当地层倾角达 45°时向斜核部页岩气基本丧失殆尽,仅于翼部仍残存少量页岩气。

此外,与不同抬升总时长模拟结果类似,不同倾角模型的模拟结果同样可隐约观察到散失区、过渡区及稳定区在水平方向上的连续分布(图 6-16)。然而值得注意的是,在地层倾角逐步加大过程中,稳定区水平范围显著缩小,但该过程中稳定区含气量变化相对较小。同时,当地层倾角达 35°时,所谓的稳定区似乎已不存在,其含气量甚至低于过渡区。这表明,当地层倾角过大时,由于侧向散失作用过强,处于过渡区的翼部天然气"过路带"可能比核部的含气量更高。

上述两组模型的结果表明,抬升总时长与地层倾角均可对页岩气侧向散失过程产生影响。前者主要改变高含气量带的水平区间,对含气量影响相对较小;后者由于控制了向斜背景的位势差,对页岩气侧向输导影响极大。总体而言,只要存在暴露地表的情况,侧向散失作用对页岩气保存条件的影响均不能忽视。

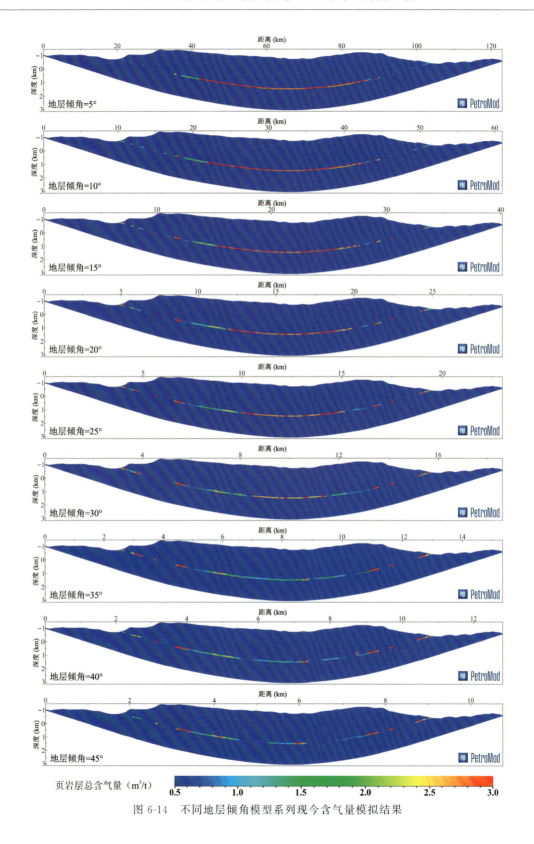

图 6-14 不同地层倾角模型系列现今含气量模拟结果

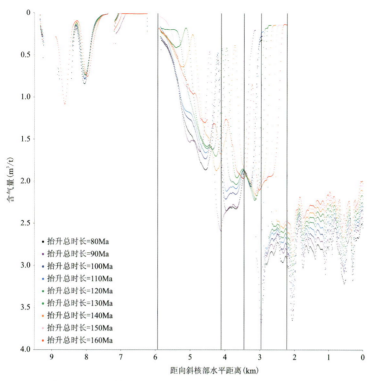

图 6-15　不同抬升总时长模型系列向斜 NW 翼至核部现今含气量模拟结果对比

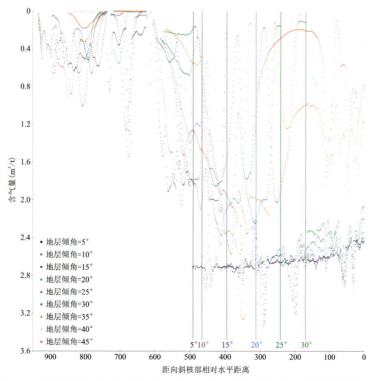

图 6-16　不同地层倾角模型系列向斜 NW 翼至核部现今含气量模拟结果对比

第七章　页岩气勘探有利区定量评价

前文已对影响龙马溪组页岩气富集保存条件的内、外部属性以及相应静态要素、动态过程进行了论述。但对页岩气富集保存条件的机理研究,最终需落实到服务于页岩气勘探评价工作,才能体现其实际价值。实际工作经验表明,当为本次研究区相仿甚至更大范围的勘探目标进行选区评价时,往往较大的研究尺度导致资料基础相对薄弱、资料密度偏低;同时,对页岩气富集保存的地质要素进行全面、定量且具有预测性的评价方法体系也尚未完善。上述原因使大尺度的页岩气区域选区定量评价成为一直以来的难点问题。

本章在前文认识的基础上,抽提出能反映页岩原生物质基础与演化、破裂及散失条件三方面影响的页岩气富集保存的定量指标,对研究区龙马溪组页岩气区域有利目标进行探索性的定量评价工作,为我国南方复杂地质背景下的页岩气勘探工作提供新的思路与见解。

第一节　地质评价方法概述

一、评价思路及流程

为实现对研究区勘探地质有利区的定量评价,本书采用了多参数叠合、全定量的计算方法。综合本次研究的资料基础及前述各章节对影响页岩气区域保存要素的讨论,研究选取了页岩物质基础及演化特征、页岩区域破裂概率及页岩气散失条件三方面共9类参数($I_1 \sim I_9$)进行评价,后文将对各评价指标及标准进行详述,在此首先对评价的主要步骤进行简要介绍。

评价工作总体上分为5个主要步骤。

(1)以200m为节点间距,编制9种参数的等值线评价栅格。

(2)建立评价标准并将各类参数分为四档,以区分其风险等级。

(3)为4种评级赋予不同的权值($C_1 \sim C_9$),并编制对应的权重等值线栅格。

(4)利用以下公式计算页岩气富集保存综合指数:

$$页岩气富集保存综合指数 = \lg(\prod_{n=1}^{9} C_n) \tag{7-1}$$

(5)基于典型钻井的综合指数计算结果与实钻含气性结果的关系,制定综合评价标准以评定不同区域页岩气富集保存条件的综合风险等级。

二、评价指标及标准

评价过程中使用的指标包括3类:①页岩物质基础及演化特征,包括页岩现今厚度(I_1)、有机质丰度(I_2)及(等效)镜质体反射率(I_3)3项指标;②页岩区域破裂概率,包括挤压期破裂指数(I_4)与抬升期破裂指数(I_5)两项指标;③页岩气散失条件,包括抬升总时长(I_6)、距离目的层出露区水平距离(I_7)、地层倾角(I_8)及距地表断裂水平距离(I_9)4项指标。

在评价过程中,对上述各指标按其具体数值,按照表7-1给出的标准,进行分级并赋予相应权重系数(C_1~C_9),分为4个节点或区间。

表7-1 评价使用的各指标分级赋值标准

评价指标		分级(节点/区间)及赋值权重			
		极好的($C_n=10$)	可以接受的($C_n=1$)	存在风险的($C_n=0.1$)	极差的($C_n=0$)
I_1(m)		≥25	15	≤5	/
I_2(%)		≥3.0	2.0	≤1.0	/
I_3(%)		≥3.0	3.2	3.4	≥3.5
I_4		≤0.6	0.8	1.0	≥1.2
I_5		≤0.6	0.8	1.0	≥1.2
I_6(Ma)		≤90	130	≥160	/
I_7(km)		≥10.0	5.0	2.0	≤1.0
I_8(°)		≤10	20	30	≥45
I_9(km)	一级断裂	≥20.0	10.0	5.0	<2.0
	二级断裂	≥10.0	5.0	2.0	<1.0
	三级断裂	≥5.0	2.0	1.0	<0.5

(1)"极好的":页岩气富集保存条件极好,无可挑剔。

(2)"可以接受的":页岩气富集保存条件尚可,整体上不影响形成页岩气藏,然而也未到达完美的水平。

(3)"存在风险的":页岩气富集保存存在隐患,大概率对应富集保存条件较差,但也不乏小概率尚可形成页岩气藏。

(4)"极差的":页岩富集保存非常堪忧,毫无形成产生页岩气聚集的可能。

为进一步区分各评级的优劣,也方便综合指数的计算,上述4个分级节点所赋予的权值分别为10的1次、0次、-1次及-∞次幂,后文中也可能使用对其取以10为底的对数后的数值进行表述。根据各评价指标的内涵及其对页岩气富集保存条件影响,评价指标I_1(页岩厚度)、I_2(页岩有机质丰度)及I_6(抬升总时长)3项指标的分级赋值过程中不包含"极差的"评级,这主要是由上述3项参数不存在导致页岩气富集保存毫无可能的取值范围,使其在赋值下限方面留有余地。

1.页岩物质基础及演化

1)页岩物质基础

页岩内部的有机质在产烃的同时会形成大量孔隙及微裂缝,天然气在地层温压条件下呈游离态或吸附态赋存于其中。页岩的厚度越大、有机质丰度越高，页岩的成烃潜力越高，生气量也越大，其内孔隙、裂缝等储集空间也越发育，即源-储条件更为优越（张昆，2019；姜振学等，2020）。此外，相对于常规天然气而言，页岩气的输导及逸散需在克服吸附作用的基础上进行（魏祥峰等，2017），而页岩对天然气的吸附作用与其厚度（吕延防等，2000）、有机质丰度等物质基础明显相关（唐令等，2018），即页岩的物质基础控制着天然气的富集与散失性能。

页岩厚度（I_1；图4-2）及有机质丰度（I_2；图3-22）主要用于反映页岩自身烃源品质对其自封闭性强弱的影响，实际研究证实页岩厚度及有机质丰度与自封闭性呈正相关关系。其中，实验结果表明包括页岩在内的烃源岩排烃过程仅能发生于距邻近渗透性层约14m的范围内（Tissot and Pelet，1971）。故本研究将页岩厚度为15m指定为"可接受的"，并结合区内富有机质页岩厚度的实际值域范围，分别将25m及5m设置为"极好的"与"存在风险的"评级节点，以区分其相对优劣。另外，实测数据表明，龙马溪组页岩有机质丰度值不仅与含气量及吸附能力呈极佳的正相关性（张昆，2019；姜振学等，2020），同时也与页岩气的散失能力呈负相关关系，其优劣大致可按照1.0%、2.0%和3.0%分为3档（唐令等，2018），据此对其分级权值进行了设置。

2）页岩有机质热成熟度

页岩的埋藏演化控制着自身热历史，进而影响着生储性能。页岩形成的沉积环境及年代分别影响着有机质类型及热演化的总时长，后期构造历程则控制着最大古埋深及埋藏-抬升时序，这些因素对页岩的热演化起着决定性作用。北美页岩样品的地球化学测试结果表明，自封闭性良好的页岩总生气量、储气量与热成熟度呈正相关关系（Hao and Zou，2013；Lewan and Pawlewicz，2017；Shao et al.，2019）。Hao等（2013）对页岩的埋藏、热演化模式进行了分析，认为在静水压力梯度、恒定地温梯度条件下，页岩气吸附能力在埋藏初期随埋深增大而增大，该阶段主要受控于有效应力；在吸附能力达最大值后逐渐递减，此阶段主要受控于温度的增加。过高的成熟度会导致页岩内部有机质发生石墨化（王飞宇等，2013；王玉满等，2018；Hou et al.，2019），进而使页岩丧失生储能力。

页岩（等效）R_o值（I_3；图4-4）用于反映页岩热成熟度对页岩气富集保存的影响。研究表明，页岩的成烃及孔隙演化在R_o值小于3.0%时呈有利发展趋势，并于3.0%达到顶峰，此后逐渐下降（包汉勇等，2018；王鹏飞等，2018）。当R_o值介于3.4%～3.5%之间时，有机质具有一定概率发生石墨化；当R_o值大于3.5%时，石墨化几乎不可避免（王玉满等，2018；Hou et al.，2019）。据此，对I_3的各分级取值范围进行了设置。

2. 页岩区域破裂概率

研究区及周缘自晚古生代以来经历了多期、多源、多向、强烈的构造挤压与抬升，导致页岩内部宏孔与介孔丧失，使有机质微孔成为吸附气的主要空间；同时，构造形变较强区域游离气基本散失，仅剩吸附气（Ma et al.，2015，2020）。实际含气量揭示过于剧烈的挤压抬升变形会显著影响页岩气的富集保存（孙博等，2018；Yi et al.，2019）。究其根源，强烈的构造挤压及抬升作用催生了褶皱与地层翘倾等韧性形变及断裂、裂缝等脆性破裂，形成了一系列页岩气散失通道。

挤压期破裂指数(I_4;图 5-14)与抬升期破裂指数(I_5;图 5-17)两项指标在第五章已进行详细论述,在此不再赘述。二者数值越小,页岩发生破裂的概率越小,主要体现为当指数小于 0.6 时,页岩相对强度极高基本不发生明显形变;当指数达 0.8 时,页岩开始存在失稳的可能性,具有发生破裂的可能(图 5-7);当指数达 1.0 时,表征外部应力已达到此时页岩的强度,发生破裂的概率很大;当指数达 1.2 时,外部应力已远大于页岩自身强度,发生破裂已不可避免。据此,对 I_4 与 I_5 的各分级取值范围进行了设置。

3. 页岩气散失条件

1)构造抬升及剥露作用

自侏罗纪末期以来,中上扬子地区东缘至西部四川盆地依次发生抬升。受此影响,盆内抬升较晚的地区较盆外抬升早的地区烃源岩生烃作用的停止也相对更晚,不仅可获得更多的气源补给,其接受剥蚀抬升导致的页岩气散失作用也更短。因此,区内燕山—喜马拉雅运动起始时间越早,页岩生烃作用越短,气藏破坏时间越长,页岩的保存条件也越不利。另外,抬升剥蚀幅度、速率影响着页岩所处的应力状态,因此与页岩的形变与破裂关系密切,进而影响着页岩气的保存。用于模拟抬升过程中页岩形变的三轴应力卸载实验结果表明,抬升过程中因上覆地层剥露造成的围压降低会导致页岩岩石力学强度降低;在水平应力不变的情况下,当围压降低至一定程度时,页岩将发生剪切破坏(张海涛等,2018),表明显著的抬升剥露作用将导致页岩的破裂,从而引发天然气散失。此外,抬升剥露作用还可能造成地层压力在侧向上的不均衡。Xia 等(2020)的数值模拟结果显示:单斜背景下自构造高部位至低部位地层流体压力逐步递增,且存在侧向压力不均衡,其主要受控于原始孔隙压力、温度及孔隙体积改变与流体迁移导致的压力调节反馈;剥蚀作用造成的温度降低会导致油带压力梯度递减和气带压力梯度增加,进一步加剧侧向压力不均衡。这种地层压力不均衡可作为页岩气侧向输导的动力,从而促进页岩气的侧向散失,影响其保存。

盆地模拟结果揭示,抬升总时长(I_6;图 4-7)的增大一方面会增加页岩气侧向输导的总时长,从而加剧气体散失,另一方面抬升时长较长意味着抬升相对较早,则页岩深埋时长变短,从而压缩了页岩的成烃演化过程,致其于页岩成烃与保存均较为不利。根据二维盆地模拟结果大致将抬升总时长的影响根据 90Ma、130Ma 与 160Ma 划分为三档。其中,即便总时长达 160Ma,褶皱核部仍有富气可能。张昆(2019)统计了研究区内典型钻井抬升起始时间及相应的页岩气层地层压力系数,同样认为可将 90Ma 与 130Ma 作为影响页岩气富集保存条件分级界线的标准。据此,对 I_6 的各分级取值范围进行了设置。

距离目的层出露区水平距离(I_7)是公认的对页岩气散失具有重要影响的参数。该参数在以往页岩气选区评价研究案例中的赋值标准存在诸多方案,然而极少见到评价过程中定量使用的例子,取而代之的往往是对其进行"定性论述"或"半定量编图(即编制区间型等值线图件)",上述过程的主要难点在于地质图件提取剥蚀出露区本身数据量较大,同时又难以进行定量栅格化成图。本次研究对研究区页岩埋藏区至出露区的水平距离(图 7-1)进行了定量栅格化。根据第五章的模拟结果,不论地层倾角与抬升总时长取何值,距出露区水平距离 10km 以上的区域页岩气保存条件一定很好,5~10km 区间内则需在地层倾角不超过 20°的条件下保存条件才较好;相应地,当地层倾角及抬升总时长逐步加大时,根据二维模拟结果(图 6-15 及图 6-16)将距出露区水平距离 2km 与 1km 作为富集保存条件较差与极差的节点。

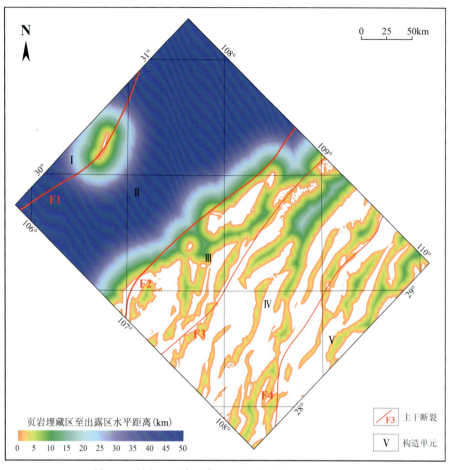

图 7-1 研究区页岩埋藏区至出露区水平距离分布图

2)褶皱作用及地层翘倾

高陡构造普遍发育是我国南方强变形区的重要构造特征,其中以研究区所处的四川盆地东南缘"隔档-隔槽"冲-断褶皱系统最具特色。褶皱系统内发育地层的产状是其所受挤压形变强弱程度的直观体现(魏祥峰等,2017)。勘探实践表明,随着构造改造程度的由弱渐强,地层的产状也由近水平状过渡为倾斜甚至接近直立,页岩气保存条件也随地层倾角的加大显著变差(朱瑜,2016)。另外,与多数沉积岩一样,页岩因沉积作用发育各种原生层状构造,使得其在平行层面与垂直层面两个方向上的物理性质存在显著的非均质性。不论是针对美国 Barnett 页岩(Bhandari et al.,2015)还是针对我国龙马溪页岩(Pan et al.,2015;Ma et al.,2016)的渗透性测试结果均证实了页岩垂向渗透率与侧向渗透率之间存在着 2~3 个数量级差距:在低有效应力的条件下,页岩垂向渗透率多为纳达西($nD;10^{-9}\mu m^2$)量级,侧向渗透率则多为 $10^2 nD$ 量级;侧向渗透率与纵向渗透率的比值并不随有效应力的增大而发生显著变化(Bhandari et al.,2015)。页岩内发育的裂缝系统以平行层理(页理)方向的微裂缝为主导是产生这种非均质性的核心因素。在地表断层或剥蚀出露区的邻近区域内,页岩埋藏相对较浅,有效应力相对较小,导致侧向渗透率较大,天然气已发生侧向输导散失,过陡的地层产状则会进一步加剧天然气的逸散,从而破坏页岩气的保存。

二维盆地模拟结果已表明,地层倾角(I_8;图 5-9)对页岩气的侧向散失过程具有明显控制性。地层倾角的增大会显著加剧褶皱核部与翼部间的位势差梯度,从而加快页岩气侧向输导散失,且可按地层倾角为 10°、20°、30°、45°为界划分为 4 档,其中当地层倾角达 45°时向斜核部页岩气几乎损失殆尽(图 6-14 与图 6-16)。张昆(2019)统计了研究区内典型钻井地层倾角及相应的页岩气层地层压力系数,同样认可地层倾角为 10°、20°、30°作为影响页岩气富集保存条件分级界线的标准。据此,对 I_8 的各分级取值范围进行了设置。

3)断裂作用

断裂是地下构造应力释放的宏观体现。这种具有明显位移的岩石破裂是破坏页岩系统自封闭性的主要原因之一。断层的封堵性及活动性对页岩气的保存至关重要。通常,产生于张性构造环境的正断层多为开启状态,产生于压性环境的逆断层则多为封闭状态。此外,断层在构造活动期易开启,在相对稳定时期倾向于封闭。断层对页岩系统自封闭性的破坏通常可分为两种情况:①页岩系统被开启性断层切穿,并通过断层与高渗透性层发生沟通,不仅导致页岩气逸散,同时也有可能使外部地层流体渗入页岩系统;②"通天"断层可切穿页岩系统顶板及所有上覆地层,致使页岩系统通过断层与地表沟通,天然气逸散的同时,大气也可进入页岩系统,破坏页岩气藏(朱瑜等,2016)。当断裂作用叠加了剥蚀抬升过程,随着游离气逸散导致的地层压力释放,页岩系统内的吸附气将解吸为游离气进一步散失,最终导致超压页岩气藏被破坏,残留烃气逸散殆尽,地层压力降为常压甚至负压。即便页岩物质基础优越、埋藏条件合适,页岩气仍无法有效保存。

勘探实例揭示,不同级别的断裂对页岩气散失的影响具有明显差异(Fan et al.,2019)。其中区域性大断裂由于多期次、长时间活动,是烃类排出逸散与大气、地层水渗入的重要通道;与其伴生的裂缝系统会增强页岩的孔、渗性,加剧地层流体的输导。此外,不同性质的断裂对页岩气的散失也具有差异性影响,但不论是张性还是压性断裂,在其发育初期及某次活动之时,均表现为开启性与非封闭,此时都是页岩气的逸散通道,即各级断裂对于页岩气的保存总体上表现为不利因素。据此,本书对区域地质图中标注的一级、二级及三级地表断裂带分布情况进行了提取,并采用前述对距地表剥蚀出露区研究的相同方法,对不同位置距各级地表断裂水平距离(I_9)进行了定量计算,编制了相应的平面图件(图 7-2~图 7-4)。余光春等(2020)对四川盆地钻井勘探成效及各钻井与不同级别断裂距离的关系进行了统计,他们认为:距离一级断裂约 10km 以内,对保存条件破坏较大;距离二级断裂 5km 的钻井实测地层压力普遍为弱超压—常压状态,表明天然气散失较为显著;而三级断裂通常对页岩的保存具有一定的控制作用,其作用范围上限为 3km;相比之下更小尺度的断裂对页岩气的赋存与保持不起明显控制作用。基于上述认识,对 I_9 的各分级取值范围进行了设置,其综合赋值结果为距一级、二级、三级断裂三者评级中的最低值。

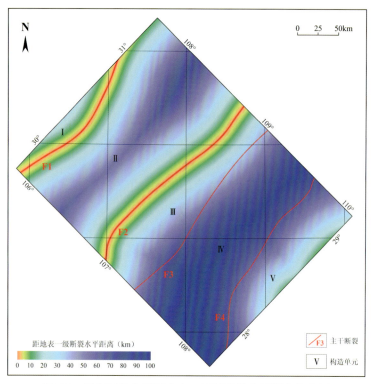

图 7-2 研究区各位置距地表一级断裂的水平距离分布图

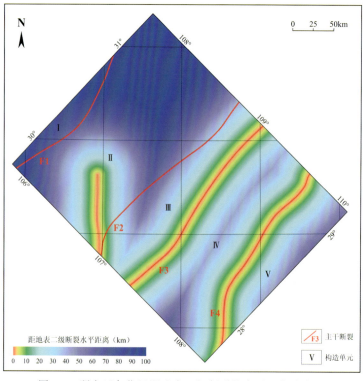

图 7-3 研究区各位置距地表二级断裂的水平距离分布图

第七章 页岩气勘探有利区定量评价

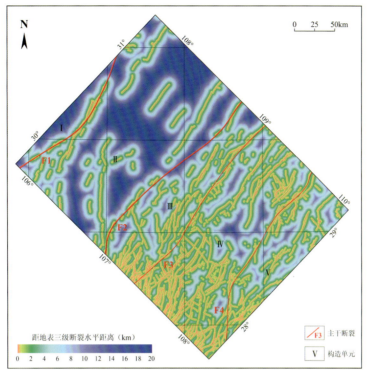

图 7-4 研究区各位置距地表三级断裂的水平距离分布图

第二节 评价结果及讨论

一、各指标的评价结果

各评价指标的分级赋值结果如图 7-5 所示。对比不同指标评级结果可以发现，各参数相同评级分布的位置差异较大，表明各指标相互独立，并无明显的相关关系。同时也说明各因素对页岩气富集保存的影响不尽相同，从而凸显出选取这些参数进行综合评价的必要性。在这些参数中，除距出露区距离直接表征页岩气剥蚀出露区外，有机质成熟度、抬升破裂指数及地层倾角对页岩气富集保存的制约较大。

二、综合评价结果与检验

研究汇总了上述参数的评级结果，并研究根据式（7-1）对综合指数进行了计算。同时，为检验评价结果的正确性及确定综合指数的分级，本研究另对区内具有实测含气性数据的 32 口钻井各评价指标进行了统计（表 7-2），同时计算了各参数评级及综合指数（表 7-3）。结果表明综合指数高值区主要位于盆内，尤其以邻近齐岳山断裂带的褶皱带最好；盆外仅在齐岳山断裂带以东的残留向斜，尤其是武隆向斜结果较好，其他区域整体富集保存条件较差（图 7-6）。上述评价结果与实际钻探情况，特别是含气量较高的钻井井区（表 7-3）吻合度高，指示评价结果可信。

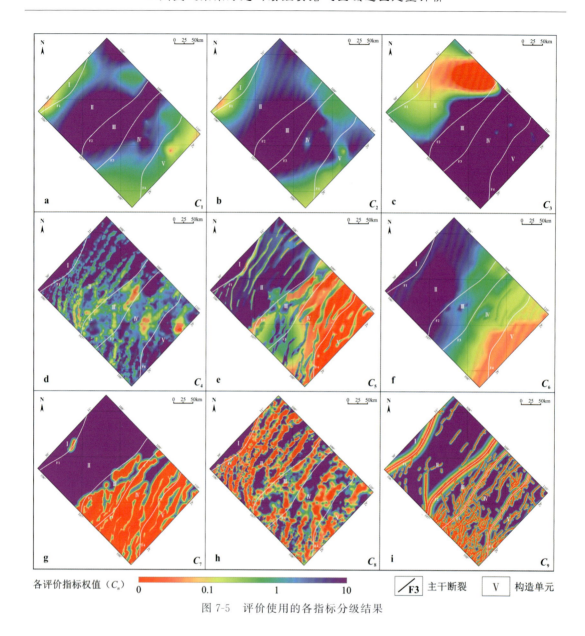

图 7-5 评价使用的各指标分级结果

表 7-2 研究区部分钻井各评价指标数据统计表

井号	I_1 (m)	I_2 (%)	I_3 (%)	I_4	I_5	I_6 (Ma)	I_7 (km)	I_8 (°)	I_9 (km)		
									一级断裂	二级断裂	三级断裂
BJ1	13	2.69	2.62	1.32	1.17	163	3.1	36	17.8	53.0	2.7
BJ2	12	2.65	2.20	0.89	1.09	164	1.3	35	23.9	46.2	6.5
BJ3	5	1.60	2.44	0.62	1.02	157	1.9	29	41.0	29.1	5.7
BJ5	12	2.33	3.00	0.69	0.93	166	7.0	11	20.6	49.4	6.9
DZ1	22	4.67	2.50	0.75	0.70	113	1.2	19	56.3	16.6	4.0

续表 7-2

井号	I_1 (m)	I_2 (%)	I_3 (%)	I_4	I_5	I_6 (Ma)	I_7 (km)	I_8 (°)	I_9 (km)		
									一级断裂	二级断裂	三级断裂
ES1	16	2.05	2.68	0.74	1.18	142	4.7	11	77.8	43.7	1.1
FL1	38	3.50	2.95	0.75	0.83	85	27.9	18	20.1	64.1	17.9
FL11	40	3.15	2.98	0.68	0.77	85	26.6	15	13.4	59.1	9.7
FL16	39	3.37	3.17	0.68	0.72	80	39.2	10	26.5	51.7	10.9
FL8	32	3.15	2.69	0.75	0.79	90	24.0	43	18.9	70.3	14.6
GT1	19	2.26	2.29	0.62	0.80	138	2.5	15	87.2	28.3	6.0
HY1	13	2.25	3.37	0.60	0.93	96	34.6	28	3.7	106.9	2.8
JQ1	25	3.50	2.80	0.84	0.87	91	2.0	39	6.1	11.2	1.9
LS2	12	2.70	2.49	0.64	0.94	150	5.9	21	48.3	21.5	5.2
NC1	35	3.38	3.06	0.94	0.61	89	12.5	37	8.0	22.9	10.3
PS1	30	2.79	2.80	0.74	0.81	124	4.6	17	62.1	11.3	5.8
QJ2	19	3.67	2.82	0.76	1.02	137	9.6	19	61.9	23.9	5.7
UY1	30	3.39	2.13	1.01	0.94	129	8.6	15	33.0	6.1	1.8
UY3	35	3.69	2.54	0.72	0.87	118	3.0	16	22.2	28.9	6.2
WL1	30	5.00	2.66	0.69	0.63	101	9.0	9	28.9	34.4	6.1
XS1	15	1.87	2.22	0.55	0.86	169	3.5	23	58.1	9.5	6.4
XS2	16	1.79	2.40	0.64	0.87	170	1.9	38	46.7	18.1	4.4
XS3	15	1.84	1.92	0.54	0.85	168	5.5	21	23.7	35.8	6.4
YH4	25	3.75	2.70	0.93	1.04	146	4.2	19	89.8	27.2	10.3
YS1	8	2.71	2.89	0.59	1.47	158	2.0	11	19.9	54.6	5.3
YY1	18	2.74	2.15	0.72	1.08	162	1.6	14	56.6	8.1	5.6
YY3	17	2.42	2.05	0.72	1.03	165	1.3	30	45.4	20.2	1.6
YY4	19	2.52	1.97	0.71	0.89	146	1.3	23	75.8	5.7	6.3
ZA1	20	3.50	2.37	0.71	0.57	109	3.6	17	45.6	11.7	1.3
ZH1	23	3.00	3.10	0.79	0.85	138	7.2	26	86.2	41.5	7.1
ZH3	22	2.5	3.02	0.81	0.86	140	4.3	23	78.5	37.8	4.3
ZH4	21	3.07	2.90	0.82	1.03	139	6.7	27	89.4	41.0	8.2

表 7-3 研究区部分钻井各评价指标评级结果、综合指数及实测含气量统计表

井号	C_1	C_2	C_3	C_4	C_5	C_6	C_7	C_8	C_9	综合指数	实测含气量（m^3/t）
BJ1	−0.20	0.69	1	−∞*	−1.86	−1	−0.63	−1.22	0.23	−∞	0.22～1.18/0.61**
BJ2	−0.30	0.65	1	−0.45	−1.28	−1	−1.51	−1.19	1	−3.07	0.54～1.59/0.92
BJ3	−1	−0.39	1	0.88	−1.04	−0.91	−1.09	−0.93	1	−2.50	0.20～0.56/0.32
BJ5	−0.30	0.33	0.98	0.55	−0.66	−1	0.40	0.86	1	2.15	1.35～3.22/2.48
DZ1	0.70	1	1	0.23	0.49	0.44	−1.72	−0.36	0.68	2.45	1.84～2.69/2.19
ES1	0.10	0.05	1	0.30	−1.99	−0.40	−0.11	0.95	−0.89	−1.00	1.02～1.05/1.03
FL1	1	1	1	0.24	−0.16	1	1	0.20	1	6.28	1.08～5.19/3.17
FL11	1	1	1	0.58	0.16	1	1	0.45	0.34	6.54	2.01～4.43/3.34
FL16	1	1	0.15	0.58	0.40	1	1	0.96	1	7.10	1.74～6.87/4.29
FL8	1	1	1	0.24	0.05	1	1	−1.85	0.89	4.32	0.79～2.63/1.47
GT1	0.40	0.26	1	0.88	0.01	−0.26	−0.82	0.46	1	2.92	1.19～4.59/2.35
HY1	−0.20	0.25	−0.87	1	−0.67	0.86	1	−0.80	−1.26	−0.69	0.64～1.60/0.83
JQ1	1	1	1	−0.21	−0.36	0.97	−0.98	−1.40	−0.78	0.24	0.03～0.09/0.06
LS2	−0.30	0.70	1	0.78	−0.72	−0.65	0.17	−0.05	1	1.93	0.88～2.04/1.57
NC1	1	1	0.68	−0.72	0.95	1	1	−1.26	−0.40	3.25	1.70～4.33/2.55
PS1	1	0.79	1	0.31	−0.03	0.15	−0.13	0.27	1	4.35	1.31～2.49/1.98
QJ2	0.40	1	1	0.19	−1.04	−0.23	0.91	0.12	1	3.35	0.52～2.81/1.66
UY1	1	1	1	−1.02	−0.72	0.03	0.72	0.50	−0.49	2.01	1.00～3.00/2.00
UY3	1	1	1	0.41	−0.37	0.31	−0.68	0.35	1	4.01	1.16～2.00/1.64
WL1	1	1	1	0.54	0.86	0.74	0.81	1	1	7.94	1.02～3.55/3.02
XS1	0	−0.13	1	1	−0.31	−1	−0.51	−0.31	0.89	0.63	0.02～0.13/0.06
XS2	0.10	−0.21	1	0.80	−0.36	−1	−1.08	−1.36	0.81	−1.30	0.10～4.86/0.86
XS3	0	−0.16	1	1	−0.23	−1	0.11	−0.06	1	1.66	0.40～1.95/1.22
YH4	1	1	1	−0.67	−1.11	−0.52	0.25	0.11	1	2.07	0.48−1.76/1.22
YS1	−0.70	0.71	1	1	−∞	−0.92	−0.98	0.93	0.99	−∞	0.06～0.59/0.31
YY1	0.30	0.74	1	0.40	−1.21	−1	−1.26	0.65	0.61	0.23	0.20～1.90/0.80
YY3	0.20	0.42	1	0.41	−1.06	−1	−1.47	−0.96	−0.42	−2.89	0.02～0.34/0.13
YY4	0.40	0.52	1	0.47	−0.47	−0.54	−1.47	−0.30	0.14	−0.25	0.01～0.03/0.02
ZA1	0.50	1	1	0.43	1	0.52	−0.46	0.32	−0.70	3.61	2.63～6.49/4.54
ZH1	0.80	1	0.51	0.03	−0.26	−0.28	0.43	−0.59	1	2.65	1.18～4.32/2.54

续表 7-3

井号	C_1	C_2	C_3	C_4	C_5	C_6	C_7	C_8	C_9	综合指数	实测含气量(m^3/t)
ZH3	0.70	0.50	0.90	−0.06	−0.31	−0.32	−0.23	−0.33	0.78	1.64	0.96~2.04/1.34
ZH4	0.60	1	1	−0.10	−1.08	−0.31	0.34	−0.74	1	1.71	0.61~4.43/1.76

*：表中评分为指标评级赋值取以 10 为底的对数后的结果，"−∞"即对应评级中的"极差的($C_n=0$)"；

**：含气量数据格式为最小值~最大值/平均值，包括解析气及损失气，不含残余气。

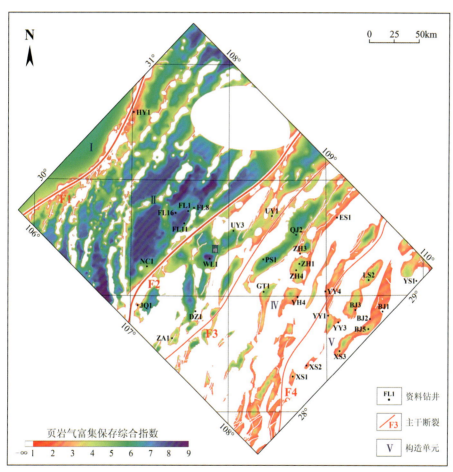

图 7-6 研究区龙马溪组页岩气富集保存综合指数分布图

对比各钻井评价结果可发现，综合指数最高的钻井为武隆向斜的 WL1 井，其评分甚至高于焦石坝地区的各钻井（FL1 井、FL11 井、FL16 井），这与"向斜型构造背景下的页岩气富集保存应较背斜型相对较差"的传统认识相左。然而实际勘探结果表明，武隆向斜核部已钻获含气量高达 $10m^3/t$ 的富有机质页岩层，是盆外向斜背景常压页岩气藏的典范（方志雄和何希鹏，2016）。这一结果进一步验证了本次评价的正确性和预测性，也充分印证了构造样式不过是页岩气富集保存条件的表观影响因素（姜磊，2019），而任何构造样式下均有可能发育高含气富有机质页岩,也存在页岩气保存条件相对较差的部位。

各指标打分结果与综合指数的对比指示,页岩物质基础与演化、破裂概率及散失条件三者符合"木桶原则":各方面条件均较为优越,页岩气的富集保存条件才较好,如焦石坝地区FL1井及武隆向斜的WL1井;而任一方面存在明显的"短板"则会导致其页岩自封闭性失效,进一步破坏其保存条件,最为典型的即BJ1井的挤压期破裂指数与YS1井的抬升期破裂指数(表7-3),二者的不利直接影响到井点本身的综合富集保存条件。纵然其他指标尚存一定可能,但页岩气仅通过单一渠道的散失,即可使得先存气藏遭受毁灭性打击,致使最终的保存结果较差。

基于钻井实测含气量数据及相应的综合评价指数,认为综合指数介于6~9之间的区域富集保存条件极佳,其内有极大概率发育高含气页岩;综合指数介于2~6之间的区域富集保存条件尚可,其内页岩气含量整体相对较高,但仍具有不确定性;综合指数介于0~2之间的区域富集保存条件较差,其内基本不发育高含气页岩;综合指数为0的区域,富集保存条件极差,页岩气难以富集保存。上述各区域分别为占总面积的8.91%、26.15%、13.68%与51.26%。

第八章　页岩气开发目标区定量评价

至此,本书已完成了基于页岩气富集保存条件的地质评价,需进一步在地质有利区内优选可以实施钻探的开发目标区。然而,评价结果指示的勘探有利区多位于山地丘陵地区,地表海拔、相对高差、坡度均较大,植被覆盖率高,工程开发十分困难。同时,研究区内广泛分布各类自然保护区及人口稠密区,而现有研究揭示了页岩气开采对区域水质(Warner et al.,2013;Vidic et al.,2013)、空气质量(Harkness et al.,2017;Wang et al.,2017)、土壤(Annevelink et al.,2016;Fink and Drohan,2015)、植被(Farwell et al.,2016;Langlois et al.,2017)、野生动物栖息地(Brittingham et al.,2014;Moran et al.,2015)及人类日常生活等方面存在的显著影响,因而区内生态环境保护的形势极为严峻。此外,页岩气开采对水资源需求量大(Guo et al.,2016),井场占地面积大(Drohan and Brittingham,2012),且高度依赖交通(Milt et al.,2016)。而研究区所处的山地丘陵区域有效水源、大面积平缓区域及道路的分布较平原地区更为稀疏,因此开发成本也更高。鉴于此,除地下地质及工程条件外,"页岩气的绿色发展"同样关注地表条件的技术、环保及经济不确定性(Liu et al.,2022),主流的页岩气开发选址方法也增加了对地表要素(如地形、土地利用、水资源及交通条件等)的评价(Meng,2014;Racicot et al.,2014;全国天然气标准化技术委员会,2018;Li et al.,2019)。

目前常用的油气井选址主要基于"室内初筛-实地踏勘"的操作方法,即首先基于较大比例尺的地形图在已圈定的地质有利区内进行初步筛选,后对潜在目标开展实地勘探,综合评估油气工程、岩土工程、安全工程、环保及造价等多方面的因素,最终敲定井场选址。然而,室内作业仅依靠人工在区域尺度的图件上筛选适合进行页岩气开采的地形有利区,整体工作量大,且效率低下。同时,该方法并未考虑生态环保及经济因素的影响,所圈定的潜在目标将不可避免地包含大量并不适合开展工程开发的区域,其结果是导致很多实地踏勘工作并无开展的必要,从而极大地浪费了人力、物力与时间,降低了评价的费-效比。

据此,目前迫切需要一种操作性强、便捷高效且经济适用的井址评价方法,其核心难点是评价参数的选取。所选取的参数应既能反映影响页岩气开发的工程、环保及经济因素内涵,又具备覆盖范围大、精度高,且易于获取的特点。高分辨率地理信息系统及遥感影像资料完美符合上述所有需求,且可有效提供各类地表信息,因而被广泛应用于常规油气的勘探开发工作(Ibanez et al.,2016;Asadzadeh and Filho,2017;Jatiault et al.,2017;Scafutto et al.,2018;Emetere,2019;Saha,2022)。该资料同样被用于服务页岩气资源开采利用,涵盖了从勘探目标选取(Xu et al.,2021)、钻井工程设计(Zhang et al.,2022)到对地表地形变化(Pierre et al.,2015)、水资源污染(Zhang et al.,2021)、水土流失(Guo et al.,2022)、植被破坏(Liu,

2021)、农业畜牧业损失(Allred et al.,2015)及野生动物栖息地消减(Barton et al.,2016)等影响评价的页岩气产业全链条。目前虽暂无基于地理信息系统及遥感资料进行页岩气井场选址的实例,但其在水井(Rangzan et al.,2008;Ghazavi et al.,2018)及风电电场(Xu et al.,2020)选址等案例的成功应用昭示着本评价的可行性。

本章以前文地质评价圈定的勘探有利区为对象,选取高分辨率数字海拔模型(digital elevationmodel,简称 DEM)、全球土地覆盖(global land cover,简称 GLC)、卫星多光谱遥感及路网数据,采用地表地形、土地利用情况、距水源与距道路距离及连片有效区域 4 类指标,对影响页岩气开发的地表条件进行定量评价,并基于地质-地表联合评价结果最终圈定了页岩气开发目标区。

第一节　地表评价方法概述

一、评价对象、数据及流程

1. 评价对象及概况

基于地质评价结果(图 7-6),本次地表评价选取页岩气富集保存条件较好的渝东南涪陵—武隆一带作为研究对象(图 8-1)。研究区地处四川盆地内、外盆缘过渡地区,行政区划上隶属重庆市长寿区、南川区、武隆区、涪陵区及丰都县,总面积近 $1.1 \times 10^4 km^2$。区内已发现涪陵、南川及武隆 3 个页岩气田,部署页岩气探井 28 口(图 8-1),是我国现阶段及将来的页岩气重点探区(聂海宽等,2022)。研究区西北部主要为平原地区,土地覆盖类型以农田为主;其余区域主要为山区丘陵地貌,植被覆盖率极高(图 8-1a,b)。除主要江、河、湖泊外,区内水体仅零星分布,水资源相对稀缺(图 8-1b,c)。除西北部平原地区外,区内整体海拔较高,道路也相对较少(图 8-1d)。这种自然地理背景导致区内的页岩气开采利用难度较大,成本也显著高于平原地区。此外,研究区多数区域生态体系脆弱,且遍布人口稠密区(图 8-1b),因此生态、环境、人文保护需求同样无法回避。研究区内页岩气开发目标选取受上述各方面因素的联合制约,是实现本研究目标的完美对象。

2. 评价选用的数据资料

为本次研究基于以下 4 类开源数据提取了评价所需的地表要素信息。

(1)DEM 数据:选用了美国航空航天局及日本产业经济省发布的"先进星载热发射和反射辐射仪全球数字高程模型(Advanced Spaceborne Thermal Emission and Reflection Radiometer Global Digital Elevation Model,简称 ASTER GDEM,第二版)"数据。该数据使用了卫星实景立体图像(ASTER GDEM Validation Team,2011),空间分辨率可达 1 弧度秒(约 30m),可为本次研究提供高精度的地表地形细节(图 8-1a)。

(2)GLC 数据:选用了 2017 年 GLC 数据集。该数据基于多种遥感技术综合实现了 10m 级的地表土地稳定分类(Gong et al.,2019),可为本次评价提供研究区地表农田、植被、水系和城镇等主要土地类型的分布(图 8-1b)。

(3)多光谱遥感数据:基于欧洲航天局发射的哨兵-2A 卫星多光谱成像仪采集的光谱数据集,选取了 2019 年 5 月至 9 月 10m 级分辨率的可见光波段(Band 2~4,图 8-1c)及近红外波段(Band 8)数据,用于归一化植被指数(normalized difference vegetation index,简称 NDVI)的计算。

(4)路网数据:基于高德地图平台获取了研究区各级道路的路网数据,并进一步整理为高级别公路(国道与省道)及低级别公路(县道和乡道)的分布情况(图 8-1d)。

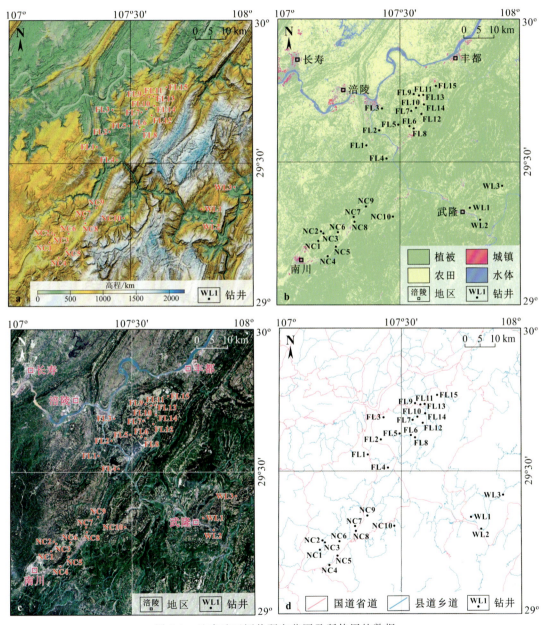

图 8-1　地表选区评价研究范围及所使用的数据

a.DEM 数据;b.GLC 数据;c.哨兵-2A 卫星可见光波段影像;d.高德地图路网数据

3. 评价流程及主要步骤

地表评价先根据上述 4 类数据获取各类评价参数,后为各参数进行评级赋值,综合各参数评级结果依次圈定潜在的页岩气开采有利区及钻井井址(图 8-2),其主要包括 4 个主要步骤。

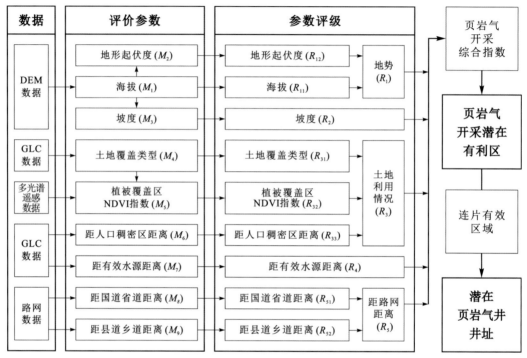

图 8-2 地表选区评价流程图

(1)评价参数获取:基于四类数据提取研究区三类 9 种评价参数的信息,编制各参数的等值线栅格。

(2)参数评级赋值:根据各参数值域分布及实际经验建立分级标准,并为 9 种参数赋予权值,以评价其风险等级;将 9 种参数评级整理合并为 5 种评级指标,并编制对应的评级赋值等值线栅格。

(3)页岩气开采潜在有利区选取:使用 5 种评级指标计算页岩气开采综合指数;根据 28 口钻井所处平面位置的计算结果,设定开采综合指数阈值,评定潜在的页岩气开采有利区。

(4)潜在页岩气井井址选取:在评定的潜在页岩气开采有利区中识别符合井场尺寸要求的连片有效区域,并最终圈定潜在井址。

二、评级使用的方法及技术

1. 评价参数获取

本研究使用了 9 种评价参数,以下简要介绍各参数的获取方法。

1）地形参数（$M_1 \sim M_3$）

地形参数包括海拔（M_1）、地形起伏度（M_2）及坡度（M_3）3种参数。海拔与地形起伏度共同反映地表地势特征，二者越大指示页岩气勘探开发活动及附属设施建设、各类物资运输的难度越大。坡度则直接影响工程开发与建设；坡度过大会限制植被发育，间接导致滑坡等地质灾害，同时增加各类污染性液体的扩散速度。因此，页岩工程开发难度、成本及风险均随坡度增加而递增。

上述3种指标中，海拔由DEM数据经投影校正后直接获得（图8-1a），地形起伏度和坡度则根据海拔数据使用ArcGIS软件内置的空间分析工具箱计算所得。其中，地形起伏度指单位面积内相对海拔差的最大值，其计算关键是单元区域的选取。王泽根等（2021）使用均值变点分析法对地形起伏度计算的单元区域的选取进行了研究，结果表明地形起伏度随计算单元区域面积的增大先迅速增大，至某一拐点后增速放缓；二者的线性关系整体呈自然对数曲线分布，该曲线拐点对应最优的计算单元区域，一般为40倍节点间距×40倍节点间距。因此，本研究选取1200m×1200m作为地形起伏度计算的单元区域。

2）土地覆盖类型（M_4）

因页岩气开采会造成森林碎片化、破坏野生动物栖息地、污染水体、影响人类日常生活、占用规划用地等不良影响，土地覆盖类型是页岩气开采井场选址中重要指标。现有勘探实例表明，农田及低覆盖率植被区（如草地）为最佳井场选址类型，高覆盖率植被区、各类水体、规划用地（荒地）及人口稠密区则不适宜页岩气开采（Meng，2014；Racicot et al.，2014；Milt et al.，2016；Preston and Kim，2016）。基于研究区GLC数据（图8-1b），本次评价提取了区内农田、植被（草地、灌木及林地）、水体（湿地、江河及湖泊）及城镇（即人口稠密区，以人工不透水面指代；Gong et al.，2019）的分布范围，不仅作为参数M_4的结果，也作为后续参数计算的原始数据。

3）植被覆盖区NDVI指数（M_5）

植被覆盖了全区70%以上的土地，而GLC数据仅将植被分为草地、灌木及森林3类。本研究基于哨兵-2A卫星多光谱数据，利用NDVI指数实现对区内植被覆盖区的进一步定量表征。NDVI指数是用于反映植被生长状态及覆盖率最常用的指标，可通过多光谱数据计算获得：

$$\text{NDVI} = \frac{P(\text{NIR}) - P(\text{RED})}{P(\text{NIR}) + P(\text{RED})} \tag{8-1}$$

式中：$P(\text{NIR})$为近红外波段（Band 8）反射率；$P(\text{RED})$为红波段（Band 4）反射率。

NDVI指数取值范围为-1~1，该指数小于0时指示地面被云、水、雪等覆盖；指数近似为0时指示地表为岩石或裸地；指数大于0时则指示地表发育植被，且取值越大表示植被覆盖度越大（Tucker et al.，1979）。因此，NDVI指数越大，页岩气开采工程难度也越大，且对森林等植被保护区的破坏越强。

本次评价选取植被最为繁盛的5—9月的多光谱卫星影像数据，首先进行了去云和镶嵌处理，后使用不同时间的影像数据分别计算NDVI指数，最后选取各象元在该时段内的最大值用以表征植被覆盖程度。在此基础上，基于GLC数据指示的土地覆盖类型（即M_4；图8-1b）提取了植被覆盖区的NDVI指数，作为参数M_5的计算结果。

4)平面距离类参数($M_6 \sim M_9$)

平面距离类参数包括距人口稠密区距离(M_6)、距有效水源距离(M_7)、距国道省道距离(M_8)及距县道乡道距离(M_9)4种距离。M_6和M_7的原始数据为GLC数据指示的人口稠密区分布(图8-1b),M_8和M_9的原始数据为高德路网数据提取的道路分布情况(图8-1d)。将上述原始数据矢量化后,使用ArcGIS软件的空间工具箱对4类要素象元点进行欧式距离计算并制作相应的参数栅格。

前文已述,页岩气开采会影响人类日常生活,因此需远离人口聚集区,即M_6需大于一定范围。同时,由于页岩气开采中的水力压裂过程耗水量巨大(Vengosh et al., 2014; Wang et al., 2018),且高度依赖道路运输开采所需物资(全国天然气标准化技术委员会, 2018; Li et al., 2019),即$M_7 \sim M_9$越小时页岩气开采的取水及道路建设成本越低。此外,考虑到水体规模过小并不符合开采所需的"有效水源"要求,本研究在M_7计算中排除了湿地及连片面积小于$1 \times 10^4 \mathrm{m}^2$的其他类型水体。

2. 参数评级赋值

为定量表征上述参数对页岩气开采选址的影响,本研究将参数$M_1 \sim M_9$的评级分别定义为R_{11}、R_{12}、R_2、R_{31}、R_{32}、R_{33}、R_4、R_{51}及R_{52}(图8-2),并按以下两个步骤进行评级。

(1)如表8-1和表8-2所示,将各参数取值自其最小值($M_n^{\min}$)至其最大值($M_n^{\max}$)进行排列,依次选取其值域的10%、25%、50%、75%及90%(分别记为$M_n^{(10)}$、$M_n^{(25)}$、$M_n^{(50)}$、$M_n^{(75)}$及$M_n^{(90)}$)为节点,并赋予100、10、1、0.1、0.01、0等分级权值。在各相邻分级节点构成的区间内,根据节点对应的参数与评级取值,以指数函数的形式构建插值公式,用于区间内的评级赋值计算。上述过程中,对参数M_1和M_2评级时不使用100与0.01两种赋值节点(表8-1),对参数M_4和M_6评级时仅使用100与0两种赋值(表8-2)。

表8-1 参数M_1和M_2评级赋值标准

参数	$R_n = 10$	$R_n \in [1, 10)$	$R_n \in [0.1, 1)$	$R_n \in [0, 0.1)$
M_1(m)	$[M_1^{\min}, M_1^{(25)}]$	$(M_1^{(25)}, M_1^{(50)}]$	$(M_1^{(50)}, M_1^{(75)}]$	$(M_1^{(75)}, M_1^{\max}]$
M_2(m)	$[M_2^{\min}, M_2^{(25)}]$	$(M_2^{(25)}, M_2^{(50)}]$	$(M_2^{(50)}, M_2^{(75)}]$	$(M_2^{(75)}, M_2^{\max}]$

表8-2 参数$M_3 \sim M_9$评级赋值标准

参数	$R_n = 100$	$R_n \in [10, 100)$	$R_n \in [1, 10)$	$R_n \in [0.1, 1)$	$R_n \in [0.01, 0.1)$	$R_n \in (0, 0.01)$	$R_n = 0$
M_3(°)	$[M_3^{\min}, M_3^{(10)}]$	$(M_3^{(10)}, M_3^{(25)}]$	$(M_3^{(25)}, M_3^{(50)}]$	$(M_3^{(50)}, M_3^{(75)}]$	$(M_3^{(75)}, M_3^{(90)}]$	$(M_3^{(90)}, 35)$	$[35, M_3^{\max}]$
M_4	农田	/					植被、水体与城镇
M_5	$[M_5^{\min}, M_5^{(10)}]$	$(M_5^{(10)}, M_5^{(25)}]$	$(M_5^{(25)}, M_5^{(50)}]$	$(M_5^{(50)}, M_5^{(75)}]$	$(M_5^{(75)}, M_5^{(90)}]$	$(M_5^{(90)}, M_5^{\max})$	$M_5^{\max}$
M_6(km)	$(0.5, M_6^{\max}]$	/					$[0, 0.5]$
M_7(km)	$(0.1, M_7^{(10)}]$	$(M_7^{(10)}, M_7^{(25)}]$	$(M_7^{(25)}, M_7^{(50)}]$	$(M_7^{(50)}, M_7^{(75)}]$	$(M_7^{(75)}, M_7^{(90)}]$	$(M_7^{(90)}, M_7^{\max})$	$[0, 0.1], M_7^{\max}$
M_8(km)	$(0.2, M_8^{(10)}]$	$(M_8^{(10)}, M_8^{(25)}]$	$(M_8^{(25)}, M_8^{(50)}]$	$(M_8^{(50)}, M_8^{(75)}]$	$(M_8^{(75)}, M_8^{(90)}]$	$(M_8^{(90)}, M_8^{\max})$	$[0, 0.2], M_8^{\max}$
M_9(km)	$(0.1, M_9^{(10)}]$	$(M_9^{(10)}, M_9^{(25)}]$	$(M_9^{(25)}, M_9^{(50)}]$	$(M_9^{(50)}, M_9^{(75)}]$	$(M_9^{(75)}, M_9^{(90)}]$	$(M_9^{(90)}, M_9^{\max})$	$[0, 0.1], M_9^{\max}$

此外,本研究根据现有认识将部分参数区间的评价赋值为 0(表 8-2):①研究表明当地表坡度大于 35°时施工难度极高,且水土流失严重,不适合进行工程开发(杜显元等,2019),即 M_3 大于 35°时 R_2 为 0。②行业标准规定钻井平台与人口稠密区距离不得小于 500m(石油工业安全专业标准化技术委员会,2015),即 M_6 小于 0.5km 时 R_{33} 为 0。③现有研究认为深部页岩气开采的水力压裂过程对浅表地下水的影响极小(Warner et al.,2012;Gao et al.,2020),但开采过程产生的废水可能存在泄漏及扩散风险,从而影响地表水质(Olmstead et al.,2013)。此外,水力压裂产生的裂缝及小规模断裂长度多数为 10~20m,但极少数情况下可能延伸至 100m 以上(Rutqvist et al.,2013)。因此,如在埋藏较浅的目的层进行作业时,开采时产生的废液仍有可能污染浅表地下水层。据此,M_7 小于 0.1km 时 R_4 为 0。④为避免开采作业影响路基及车辆行驶安全,钻井平台与普通道路的距离应大于 100m(Racicot et al.,2014),与高速公路的距离则应大于 200m(石油工业安全专业标准化技术委员会,2015),即 M_8 小于 0.2km 时 R_{51} 为 0,M_9 小于 0.1km 时 R_{52} 为 0。

(2)在上述评级基础上,使用式(8-2)~式(8-4)将 9 种评级指标整合为地势(R_1)、坡度(R_2)、土地利用情况(R_3)、距有效水源距离(R_4)及距路网距离(R_5)5 类评级指标,作为后续页岩气开采潜在有利区选取的依据。

$$R_1 = R_{11} \times R_{12} \tag{8-2}$$

$$R_3 = (R_{31} + R_{32}) \times R_{33} \tag{8-3}$$

$$R_5 = \begin{cases} \max(R_{51}, R_{52}) & R_{51} \neq 0 \text{ 且 } R_{52} \neq 0 \\ 0 & R_{51} = 0 \text{ 或 } R_{52} = 0 \end{cases} \tag{8-4}$$

3. 页岩气开采潜在有利区选取

使用评价指标 $R_1 \sim R_5$,基于以下公式计算研究区页岩气开采综合指数:

$$\text{页岩气开采综合指数} = \lg\left(\prod_{n=1}^{5} R_n\right) \tag{8-5}$$

该指数可综合工程、生态环境保护及经济因素的影响,评价不同区域页岩气开采的适宜程度,指数越大对应的综合风险越低。在此基础上,以现有钻井井址的页岩气开采综合指数计算值为依据,设置页岩气开采潜在有利区的选取阈值,并圈定相应的有利区,作为后续潜在井址的评定对象。为体现评价预测结果的分级性,需选取三个综合指数值作为勉强适宜、较适宜及极适宜的潜力区的圈定下限。其中勉强适宜区的圈定下限值应接近各现有井址综合指数的最小值,较适宜区及极适宜区的圈定下限值应分别大于 1/4 与 1/2 现有井址的综合指数计算值。

4. 潜在页岩气井井址选取

上步圈定的各类潜在有利区仅反映了页岩气开采的适宜程度,而井场布置有钻机及各类辅助设备,另需满足一定的有效使用面积,因此应进一步在潜在有利区内圈定长宽尺寸均满足实际需求下限的连片有效区域。考虑到目前页岩气开采使用的各级别钻机所需井场的长度与宽度均介于 60~120m 之间(石油工业安全专业标准化技术委员会,2015),本次评价分别使用连片有效区域不小于 60m×60m、90m×90m 及 120m×120m 作为勉强适宜、较适宜及极适宜井址的圈定标准。连片有效区域识别方法借鉴了图像处理技术中的"腐蚀膨胀法",即将潜在有利区分布范围二值化后,使用所需的标准尺寸作为卷积核遍历整个区域,判定图像中与卷积核重合的象元并输出其位置,以获得符合条件的连片有效区域(图 8-3)并作为最终的潜在页岩气井井址评价结果。

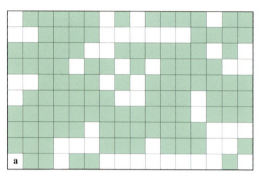 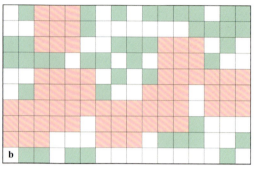

图 8-3　连片有效区域识别示意图

a.基于页岩气开采有利指数选取的页岩气开采潜在有利区分布区域(绿色象元);

b.使用 90m×90m(3 象元×3 象元)作为尺寸下限标准识别的连片有效区域(红色象元)

第二节　评价结果及讨论

一、地表评价结果

1. 评价参数计算及其赋值结果

根据前述方法技术,本次研究计算了除使用的原始数据(M_1 及 M_4)外各评价参数的分布情况(M_2 和 M_3,图 8-4;M_5,图 8-5 b;M_6~M_9;图 8-6),并统计了各参数值域分布情况(表 8-3),用于服务其评级赋值。

研究区地形起伏度及坡度的值域范围极大,表明不同地区的地形具有明显差异。总体上西北平原地区地形起伏度与坡度相对较小,东南山区不仅整体海拔高,且地形起伏度及坡度也更大(图 8-4,表 8-3)。植被覆盖区 NDVI 指数普遍大于 0.75,表明植被覆盖率极高(图 8-5,表 8-3)。人口稠密区、有效水源及各级道路同样以西北部更为密集,有效水源及公路在东南部地区分布极为稀疏(图 8-6)。该结果体现了山地丘陵地区地形陡峭、植被密布、水资源及道路分布离散的特点,致其页岩气开采适宜性均远逊于平原地区。在各项影响因素中,尤以稀缺的水资源及陡峭的地形限制最大,道路影响则相对较小。相比之下,平原地区的地形平缓,植被覆盖率适宜,水源及道路密布,即工程、生态环保及经济因素均更适合开展页岩气开采,但广泛分布的人口稠密区是不可忽视的限制因素,需获得重视。

第八章 页岩气开发目标区定量评价

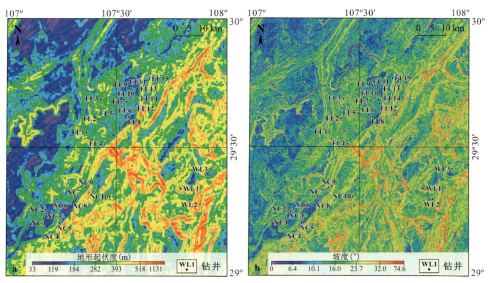

图 8-4 研究区地形参数计算结果

a. 地形起伏度(M_2); b. 坡度(M_3)

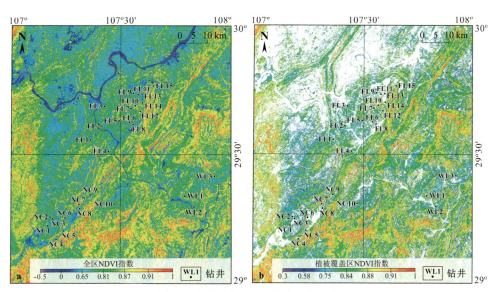

图 8-5 研究区 NDVI 指数计算结果

a. 全区 NDVI 指数; b. 植被覆盖区 NDVI 指数(M_5)

表 8-3 各评价参数值域分布情况统计

参数	M_n^{min}	$M_n^{(10)}$	$M_n^{(25)}$	$M_n^{(50)}$	$M_n^{(75)}$	$M_n^{(90)}$	M_n^{max}
M_1(m)	22.0	305.2	451.4	722.8	1 073.6	1 405.4	2 227.1
M_2(m)	33.4	118.9	184.4	282.2	392.9	518.0	1 131.3
M_3(°)	0	6.43	10.13	16.04	23.74	31.96	74.55

续表 8-3

参数	M_n^{min}	$M_n^{(10)}$	$M_n^{(25)}$	$M_n^{(50)}$	$M_n^{(75)}$	$M_n^{(90)}$	M_n^{max}
M_5	0.278	0.583	0.754	0.836	0.882	0.910	1
M_6 (km)	0	0.80	1.92	3.56	5.62	8.12	13.10
M_7 (km)	0	0.60	1.58	3.38	6.68	10.78	27.06
M_8 (km)	0	0.47	1.36	3.29	6.33	9.79	21.09
M_9 (km)	0	0.25	0.70	1.57	2.82	4.22	14.71

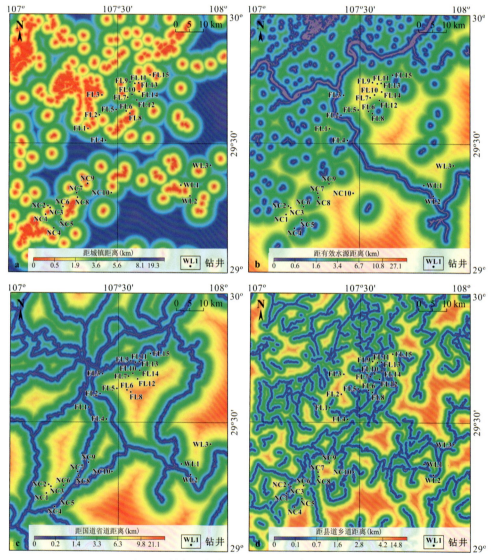

图 8-6　研究区各类平面距离评价参数计算结果

a. 距城镇距离(M_6); b. 距有效水源距离(M_7); c. 距国道省道距离(M_8); d. 距县道乡道距离(M_9)

第八章 页岩气开发目标区定量评价

基于不同平面位置各参数计算结果,可提取研究区现有钻井的 9 种评价参数(表 8-4)。总体而言,绝大多数钻井位于齐岳山断裂带以西的盆内地区,28 口钻井中仅有 3 口位于东南部盆外区域(WL1~WL3),且均位于临近江河的山间平原或山谷。同时,各钻井所处的位置海拔相对较低,地形起伏度及坡度较小,绝大多数为农田或低覆盖植被,临近道路且远离人口稠密区。因此,前期选址工作侧重地表要素与本次评价高度吻合。此外,多数钻井有效水源的距离偏大,表明研究区取水条件并不十分理想,证实了前文对水源制约的推断。

表 8-4 研究区现有钻井评价参数计算结果

井号	M_1(m)	M_2(m)	M_3(°)	M_4	M_5	M_6(km)	M_7(km)	M_8(km)	M_9(km)
FL1	465.2	269.4	12.22	植被	0.388	0.97	4.83	0.675	1.52
FL2	429.5	208.4	10.65	农田	—	2.35	1.37	1.636	4.24
FL3	423.3	236.9	9.29	农田	—	0.85	1.90	1.132	3.12
FL4	526.5	177.1	15.73	农田	—	4.61	1.49	2.386	1.29
FL5	314.6	223.6	7.01	农田	—	5.34	5.47	6.502	0.48
FL6	456.9	175.7	5.66	农田	—	2.37	4.35	9.650	0.80
FL7	517.1	225.0	3.15	农田	—	2.64	6.75	4.720	0.23
FL8	429.9	174.6	6.80	农田	—	0.67	2.82	10.556	1.29
FL9	783.0	108.1	7.00	农田	—	4.05	7.46	0.663	2.68
FL10	484.6	189.6	9.24	农田	—	3.77	7.07	4.002	0.34
FL11	745.1	184.5	7.25	农田	—	1.88	8.05	0.338	1.57
FL12	611.3	162.7	5.36	农田	—	4.69	4.48	5.839	1.19
FL13	678.7	149.2	7.95	农田	—	0.56	6.33	0.447	0.46
FL14	560.5	173.7	6.72	农田	—	0.91	7.56	2.409	0.21
FL15	972.8	206.7	5.98	农田	—	1.19	2.41	1.668	2.79
NC1	741.2	175.6	6.55	农田	—	1.20	6.41	6.338	0.33
NC2	707.9	150.1	5.91	农田	—	2.42	5.25	6.200	0.39
NC3	709.3	135.8	8.37	农田	—	1.68	6.43	7.176	0.44
NC4	639.3	196.1	7.34	植被	0.792	3.14	1.94	0.360	0.63
NC5	611.7	196.1	8.97	农田	—	3.10	3.14	0.327	1.50
NC6	561.8	170.0	2.03	农田	—	2.00	3.87	3.061	2.32
NC7	557.6	247.8	3.83	农田	—	3.74	4.31	1.277	2.09
NC8	532.2	145.0	5.10	植被	0.787	2.09	4.03	0.270	2.15
NC9	487.7	295.0	7.77	植被	0.358	0.54	4.34	1.325	1.95
NC10	292.8	260.8	8.49	农田	—	2.55	8.80	1.709	0.19

续表 8-4

井号	M_1(m)	M_2(m)	M_3(°)	M_4	M_5	M_6(km)	M_7(km)	M_8(km)	M_9(km)
WL1	809.4	193.5	8.48	植被	0.547	2.09	2.15	2.168	0.52
WL2	202.2	238.7	10.92	植被	0.684	2.64	0.79	1.017	0.27
WL3	325.0	221.6	9.81	农田	—	5.10	3.91	4.124	0.28

基于各参数计算结果及其值域分布情况(表 8-3),本次评价使用表 8-1 和表 8-2 的标准及式(8-2)~式(8-4)的计算方法,为研究区不同平面位置的各项参数进行了评级赋值(图 8-7),同时提取了现有钻井各参数评级赋值情况(表 8-5)。与各参数计算结果的展布类似,西北部平原地区各项评级指标均优于东南部山区。同时,对比开采有利区评价使用的 5 项综合指标 R_1~R_5(图 8-7c、d、h、i 和 l)可发现,各指标相同评级赋值的分布范围并不完全一致,尤其是基于各类参数排除的页岩气开发不适宜区($R_n=0$)更是分布各异,更加印证了地形、土地利用、水源及交通条件对页岩气开采的联合影响,也体现了多因素综合评价的必要性。

2. 页岩气开采有利区及井址评价结果

将参数评级赋值结果带入式(8-5)可计算全区的页岩气开采综合指数(图 8-8)。结果表明,以横亘于研究区的齐岳山断裂带为界,其西部的四川盆地内盆缘地区综合指数普遍大于 0,且半数以上区域综合指数大于 3.0,尤其是长寿、涪陵及丰都城区周边地区大面积分布综合指数大于 6.0 的高值区,指示页岩气开采条件优越。齐岳山断裂带以东的四川盆地外盆缘地区综合指数则普遍小于 0,仅有少数主干江河邻近地区存在综合指数大于 3.0 的区域,其中以武隆地区最为有利。该特征与前文地质评价结果类似,表明盆内地区在地表条件上同样远优于盆外地区。

现有钻井的计算结果指示各井址的页岩气开采条件均较好,28 口钻井综合指数皆大于 5.0,20 口钻井大于 5.5,14 口钻井大于 6.0(表 8-5)。按照前文所述的页岩气开采潜在有利区的划分标准,本评价取综合指数为 5.0、5.5、6.0 分别作为勉强适宜、较适宜及极适宜潜力区的圈定下限,3 类区域分别占总面积的 13.9%、11.7% 及 9.6%。在此基础上,使用 60m×60m、90m×90m 及 120m×120m 作为连片有效区域的下限尺寸,分别圈定了 3 类区域中的潜在井址范围,从而进一步排除了其中 21.0%、34.9%、50.6% 不适合作为井场的区域(图 8-9)。

综上,本研究分别圈定了勉强适宜区、较适宜区及极适宜区作为页岩气开采钻井井址的区域,面积分别为 580.52km²、908.86km² 及 1 313.06km²,各占总面积的 10.99%、7.61% 及 4.86%(图 8-10),即排除了近 90% 不适合作为井址的区域。本评价方法根据各参数值域分布情况进行评级赋值,同时基于已有钻井综合指数计算结果确定有利区的圈定阈值,因此同样适用于其他不同地表背景的研究区,更有效避免了关键步骤中的人为主观干预,客观性及可操作性强,具有良好的应用前景。

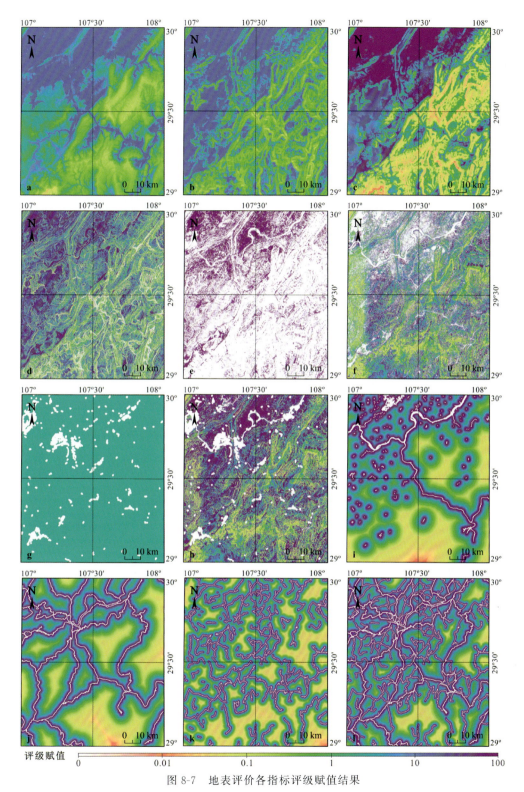

图 8-7 地表评价各指标评级赋值结果

a. R_{11}; b. R_{12}; c. R_1; d. R_2; e. R_{31}; f. R_{32}; g. R_{33}; h. R_3; i. R_4; j. R_{51}; k. R_{52}; l. R_5

表 8-5 研究区现有钻井各参数评级赋值及综合指数计算结果

井号	R_{11}	R_{12}	R_1	R_2	R_{31}	R_{32}	R_{33}	R_3	R_4	R_{51}	R_{52}	R_5	综合指数
FL1	8.90	1.35	12.03	4.42	0	100	1	100	0.36	59.36	1.15	59.36	5.06
NC9	7.35	0.77	5.63	43.41	0	100	1	100	0.51	11.07	0.50	11.07	5.14
NC10	10	1.66	16.56	27.73	100	0	1	100	0.03	6.63	100	100	5.14
NC3	1.12	10	11.22	29.89	100	0	1	100	0.12	0.06	38.41	38.41	5.19
FL9	0.67	10	6.74	70.29	100	0	1	100	0.06	61.26	0.13	61.26	5.27
FL4	5.29	10	52.88	1.13	100	0	1	100	12.41	2.96	2.14	2.96	5.34
FL11	0.86	10	8.64	59.89	100	0	1	100	0.05	100	1.02	100	5.38
FL15	0.19	5.93	1.15	100	100	0	1	100	3.45	6.95	0.11	6.95	5.44
FL12	2.58	10	25.75	100	100	0	1	100	0.47	0.15	2.78	2.78	5.52
NC6	3.92	10	39.22	100	100	0	1	100	0.71	1.32	0.25	1.32	5.57
FL10	7.55	8.88	67.02	17.35	100	0	1	100	0.08	0.58	63.46	63.46	5.77
NC7	4.06	2.25	9.14	100	100	0	1	100	0.52	12.51	0.39	12.51	5.78
NC1	0.89	10	8.87	93.01	100	0	1	100	0.12	0.10	67.64	67.64	5.83
FL13	1.45	10	14.55	38.88	100	0	1	100	0.13	100	35.01	100	5.86
NC8	5.04	10	50.42	100	0	3.95	1	3.95	0.64	100	0.35	100	6.10
NC2	1.13	10	11.35	100	100	0	1	100	0.27	0.11	49.45	49.45	6.18
WL1	0.57	8.09	4.58	27.89	0	100	1	100	4.83	3.83	25.42	25.42	6.20
NC4	2.03	7.61	15.46	56.75	0	3.40	1	3.40	6.26	100	14.30	100	6.27
FL5	10	3.98	39.81	69.52	100	0	1	100	0.23	0.09	30.86	30.86	6.30
FL14	3.97	10	39.66	83.68	100	0	1	100	0.06	2.87	100	100	6.31
FL7	5.73	3.85	22.04	100	100	0	1	100	0.10	0.34	100	100	6.32
WL3	10	4.17	41.66	12.15	100	0	1	100	0.69	0.53	86.58	86.58	6.48
FL8	10	10	100	79.51	100	0	1	100	2.04	0.01	2.13	2.13	6.54
FL6	9.55	10	95.49	100	100	0	1	100	0.51	0.01	7.67	7.67	6.57
FL2	10	5.69	56.89	8.14	100	0	1	100	16.40	7.23	0.01	7.23	6.74
NC5	2.57	7.61	19.53	20.54	100	0	1	100	1.37	100	1.20	100	6.74
FL3	10	2.90	29.04	16.85	100	0	1	100	6.61	18.24	0.06	18.24	6.77
WL2	10	2.79	27.89	7.34	0	25.45	1	25.45	63.63	24.55	91.16	91.16	7.48

第八章 页岩气开发目标区定量评价

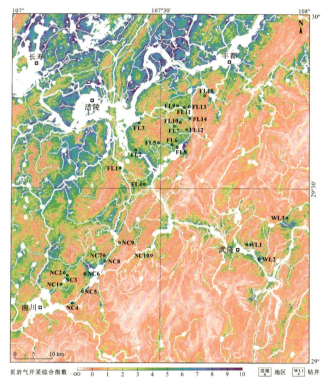

图 8-8 研究区页岩气开采综合指数计算结果

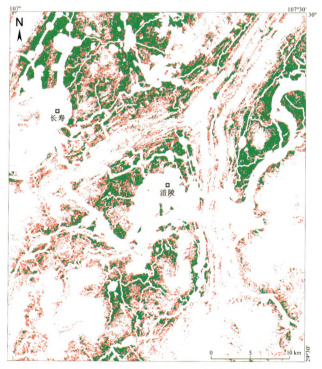

图 8-9 涪陵—长寿地区地表评价结果

（红色区域表示页岩气开采极适宜区，绿色区域为页岩气井井址极适宜区）

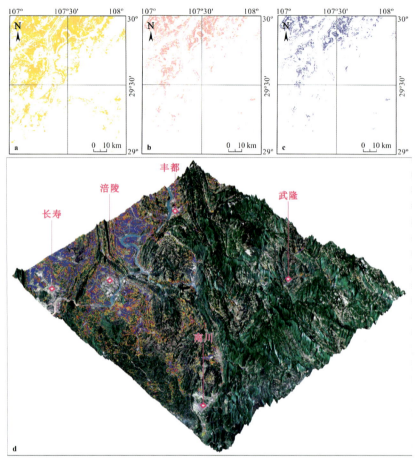

图 8-10 研究区不同类型潜在页岩气井井址分布范围
a.勉强适宜区;b.较适宜区;c.极适宜区;d.以上 3 类潜在井址综合分布

二、页岩气开发目标区评价结果

页岩气的开发目标需综合考虑地质及地表因素,因此需结合页岩气富集保存条件及地表开采条件的评价结果。第七章中已论述页岩气富集保存综合指数小于 2.0 的地区基本不发育高含气页岩,而综合指数大于 6.0 的地区有极大概率发育高含气页岩(图 7-6)。据此,本次评价分别将 2.0、4.0、6.0 作为页岩气勘探勉强适宜区、较适宜区与极适宜 3 类有利区的富集保存综合指数下限,并叠合地表评价分级结果(图 8-10),将研究区划分成 3 类页岩气开发目标区(表 8-6,图 8-11)。

表 8-6 研究区三类页岩气开发目标区划分标准及评价结果

划分标准及圈定结果		Ⅰ 类	Ⅱ 类	Ⅲ 类
富集保存综合指数	划分标准	6～9	4～9	2～9
	圈定面积(占比)	3 678.4km²(30.8%)	6 366.0km²(53.3%)	8 107.4km²(67.9%)

续表 8-6

划分标准及圈定结果		Ⅰ类	Ⅱ类	Ⅲ类
开采综合指数	划分标准	6~10	5.5~10	5~10
	圈定面积(占比)	1 147.1km²(9.6%)	1 396.7km²(11.7%)	1 661.1km²(13.9%)
连片有效区域	划分标准	120m×120m 及以上	90m×90m 及以上	60m×60m 及以上
	圈定面积(占比)	580.5km²(4.9%)	908.9km²(7.6%)	1 313.1km²(11.0%)
目标区圈定面积(占比)		428.5km²(3.6%)	820.7km²(6.9%)	1 235.3km²(10.3%)

图 8-11 研究区使用不同标准圈定的页岩气开发目标区分布

(蓝色、绿色、黄色区域分别表示Ⅰ类、Ⅱ类、Ⅲ类目标区分布范围)

地质评价结果的叠加进一步缩小了圈定区域的范围,最终评定的Ⅰ、Ⅱ、Ⅲ类开发目标区面积分别为 428.5km^2、820.7km^2 与 1 235.3km^2,分别仅占全区的 3.6%、6.9% 及 10.3%,表明研究区仅有极少数区域适合作为页岩气开发目标。其中,Ⅰ类开发目标区主要分布于长寿城区东北部、涪陵城区西南部及丰都城区西部地区,而现有钻井井址多分布于Ⅱ、Ⅲ类开发目标区内(图 8-11)。造成该结果的原因是受技术瓶颈制约,前期页岩气开发主要面向目的层埋深小于 3500m 区域。Ⅰ类开发目标区所处区域虽然地质-地表条件俱佳,但埋深多大于 4000m,因此未能在上述区域成功进行页岩气商业开发。而目前四川盆地深层—超深层海相页岩气开发已获突破(聂海宽等,2022),并被视为我国天然气增储上产的战略接替领域,研究区所处的綦江—涪陵地区更是后续深层页岩气开发利用的首要目标之一(郭旭升等,2022)。因此,本次评价圈定的目标对后续页岩气开发利用具有明显的现实意义。

主要参考文献

包汉勇,张柏桥,舒志国,等,2018.同位素热年代学在页岩气勘探开发中的应用:以华南地区为例[J].地球科学,43(6):1861-1871.

陈利忠,2017.黔北页岩气重点分布区现今地应力特征研究[D].北京:中国石油大学(北京).

陈尚斌,朱炎铭,王红岩,等,2010.中国页岩气研究现状与发展趋势[J].石油学报,31(4):689-694.

程克明,王世谦,董大忠,2009.上扬子区下寒武统筇竹寺组页岩气成藏条件[J].天然气工业,29(5):40-44.

程凌云,雍自权,王天依,等,2015.强改造区牛蹄塘页岩气保存条件指数评价[J].天然气地球科学,26(12):2408-2416.

崔敏,汤良杰,王鹏昊,等,2009.雪峰隆起西南缘古应力特征及其石油地质意义[J].地质力学学报,15(3):289-295.

邓宾,2013.四川盆地中—新生代盆-山结构与油气分布[D].成都:成都理工大学.

邓大飞,2014.雪峰隆起北缘海相古油气巨量富集的陆内构造研究[D].武汉:中国地质大学(武汉).

丁道桂,刘光祥,2007.扬子板内递进变形:南方构造问题之二[J].石油实验地质,29(3):238-246.

丁道桂,刘光祥,吕俊祥,等,2007.扬子板块海相中古生界盆地的递进变形改造[J].地质通报,26(9):1178-1188.

杜显元,陈宏坤,翁艺斌,等,2019.高分遥感影像在页岩气开发水土流失监测中的应用[J].天然气工业,39(12):161-167.

范柏江,师良,庞雄奇,2011.页岩气成藏特点及勘探选区条件[J].油气地质与采收率,18(6):9-13.

方志雄,何希鹏,2016.渝东南武隆向斜常压页岩气形成与演化[J].石油与天然气地质,37(6):819-827.

郭彤楼,刘若冰,2013.复杂构造区高演化程度海相页岩气勘探突破的启示:以四川盆地东部盆缘JY1井为例[J].天然气地球科学,24(4):643-651.

郭彤楼,张汉荣,2014.四川盆地焦石坝页岩气田形成与富集高产模式[J].石油勘探与开发,41(1):28-36.

郭秀英,陈义才,张鉴,2015.页岩气选区评价指标筛选及其权重确定方法:以四川盆地海相页岩为例[J].天然气工业,35(10):57-64.

郭旭升,2017.上扬子地区五峰组—龙马溪组页岩层序地层及其演化模式[J].地球科学,42(7):1071-1082.

郭旭升,胡东风,李宇平,等,2017.涪陵页岩气田富集高产主控地质因素[J].石油勘探与开发,44(4):481-491.

郭旭升,腾格尔,魏祥峰,等,2022.四川盆地深层海相页岩气赋存机理与勘探潜力[J].石油学报,43(4):453-468.

何龙,郑荣才,梁西文,等,2014.川东涪陵地区大安寨段裂缝控制因素及期次分析[J].岩性油气藏,26(4):88-96.

何治亮,胡宗全,聂海宽,等,2017.四川盆地五峰组—龙马溪组页岩气富集特征与"建造-改造"评价思路[J].天然气地球科学,28(5):724-733.

贺鸿冰,2012.华蓥山构造带的构造几何学与运动学及其对川东与川中地块作用关系的启示[D].北京:中国地质大学(北京).

胡东风,张汉荣,倪楷,等,2014.四川盆地东南缘海相页岩气保存条件及其主控因素[J].天然气工业,34(6):17-23.

胡圣标,何丽娟,汪集暘,2001.中国大陆地区大地热流数据汇编(第三版)[J].地球物理学报,44(5):611-626.

胡召齐,朱光,刘国生,等,2009.川东"侏罗山式"褶皱带形成时代:不整合面的证据[J].地质论评,55(1):32-42.

贾小乐,2016.川东南构造几何学与运动学特征及其与雪峰山西段的构造关系探讨[D].北京:中国地质大学(北京).

姜磊,2019.强改造作用下川南下古生界页岩气保存条件研究[D].成都:成都理工大学.

姜振学,常佳琦,仇恒远,等,2020.中国南方海相页岩气差异富集的控制因素[J].石油勘探与开发,47(3):617-628.

金宠,2010.雪峰陆内构造系统逆冲推滑体系[D].青岛:中国海洋大学.

金昕,任光辉,曾建华,等,1996.东秦岭造山带岩石圈热结构及断面模型[J].四川地质学报,16(2):120-133.

景峰,盛谦,张勇慧,等,2007.中国大陆浅层地壳实测地应力分布规律研究[J].岩石力学与工程学报,26(10):2056-2062.

李春荣,饶松,胡圣标,等,2017.川东南焦石坝页岩气区现今地温场特征[J].地球物理学报,60(2):617-627.

李核归,张茹,高明忠,等,2013.岩石声发射技术研究进展[J].地下空间与工程学报,9(Z1):1794-1804.

李建青,高玉巧,花彩霞,等,2014.北美页岩气勘探经验对建立中国南方海相页岩气选区评价体系的启示[J].油气地质与采收率,21(4):23-27.

李军亮,肖永军,王大华,2016.柴达木盆地东部侏罗纪原型盆地恢复[J].地学前缘,23(5):11-22.

李双建,李建明,周雁,2011.四川盆地东南缘中新生代构造隆升的裂变径迹证据[J].岩石矿物学杂志,30(2):225-233.

李双建,肖开华,汪新伟,等,2008.南方志留系碎屑矿物热年代学分析及其地质意义[J].地质学报,82(8):1068-1076.

李双建,袁玉松,孙炜,等,2016.四川盆地志留系页岩气超压形成与破坏机理及主控因素[J].天然气地球科学,27(5):924-931.

李武广,杨胜来,2011.页岩气开发目标区优选体系与评价方法[J].天然气工业,31(4):59-62.

李延钧,刘欢,刘家霞,等,2011.页岩气地质选区及资源潜力评价方法[J].西南石油大学学报(自然科学版),33(2):28-34.

李智武,罗玉宏,刘树根,等,2005.川东北地区岩石声发射实验及历史构造应力研究[J].成都理工大学学报(自然科学版),32(6):614-620.

刘超英,2013.页岩气勘探选区方法探讨[J].石油实验地质,6(5):564-569.

刘树根,邓宾,钟勇,等,2016.四川盆地及周缘下古生界页岩气深埋藏-强改造独特地质作用[J].地学前缘,23(1):11-28.

刘义生,2019.页岩气"甜点"地震预测方法研究:以彭水示范区为例[D].武汉:长江大学.

卢庆治,胡圣标,郭彤楼,等,2005.川东北地区异常高压形成的地温场背景[J].地球物理学报,48(5):1110-1116.

卢庆治,马永生,郭彤楼,等,2007.鄂西—渝东地区热史恢复及烃源岩成烃史[J].地质科学,42(1):189-198.

吕延防,张绍臣,王亚明,2000.盖层封闭能力与盖层厚度的定量关系[J].石油学报,21(2):27-30.

马永生,蔡勋育,赵培荣,2018.中国页岩气勘探开发理论认识与实践[J].石油勘探与开发,45(4):561-574.

梅廉夫,刘昭茜,汤济广,等,2010.湘鄂西-川东中生代陆内递进扩展变形:来自裂变径迹和平衡剖面的证据[J].地球科学——中国地质大学学报,35(2):161-174.

聂海宽,包书景,高波,等,2012.四川盆地及其周缘下古生界页岩气保存条件研究[J].地学前缘,19(3):280-294.

聂海宽,李沛,党伟,等,2022.四川盆地及周缘奥陶系—志留系深层页岩气富集特征与勘探方向[J].石油勘探与开发,49(4):648-659.

全国天然气标准化技术委员会,2018.海相页岩气勘探目标优选评价方法:GB/T 35110—2017[S].北京:中国标准出版社.

任东超,王晓飞,刘冬冬,等,2017.威远地区筇竹寺组选区评价标准及有利勘探区预测[J].非常规油气,4(5):38-43.

任垒,窦斌,刘国良,2012.基于模糊综合评价法的四川盆地下侏罗统陆相页岩气地质选区[J].石油天然气学报,34(9):177-180.

石红才,施小斌,杨小秋,等,2011.鄂西渝东方斗山-石柱褶皱带中新生代隆升剥蚀过程及构造意义[J].地球物理学进展,26(6):1993-2002.

石油工业安全专业标准化技术委员会,2015.钻井井场、设备、作业安全技术规程:SY 5974—2020[S].北京:石油工业出版社.

孙博,邓宾,刘树根,等,2018.多期叠加构造变形与页岩气保存条件的相关性:以川东南焦石坝地区为例[J].成都理工大学学报(自然科学版),45(1):109-120.

汤济广,李豫,汪凯明,等,2015.四川盆地东南地区龙马溪组页岩气有效保存区综合评价[J].天然气工业,35(5):15-23.

唐令,宋岩,姜振学,等,2018.渝东南盆缘转换带龙马溪组页岩气散失过程、能力及其主控因素[J].天然气工业,38(12):37-47.

王飞宇,关晶,冯伟平,等,2013.过成熟海相页岩孔隙度演化特征和游离气量[J].石油勘探与开发,40(6):764-768.

王钧,黄尚瑶,黄歌山,等,1990.中国地温分布的基本特征[M].北京:地震出版社.

王平,刘少峰,郜瑭珺,等,2012.川东弧形带三维构造扩展的AFT记录[J].地球物理学报,55(5):1662-1673.

王濡岳,丁文龙,龚大建,等,2016.黔北地区海相页岩气保存条件:以贵州岑巩区块下寒武统牛蹄塘组为例[J].石油与天然气地质,37(1):45-55.

王世谦,陈更生,董大忠,2009.四川盆地下古生界页岩气藏形成条件与勘探前景[J].天然气工业,29(5):51-58.

王世谦,王书彦,满玲,等,2013.页岩气选区评价方法与关键参数[J].成都理工大学学报(自然科学版),40(6):609-620.

王淑芳,董大忠,王玉满,等,2015.中美海相页岩气地质特征对比研究[J].天然气地球科学,26(9):1666-1678.

王小琼,葛洪魁,宋丽莉,等,2011.两类岩石声发射实践与Kaiser效应点识别方法的试验研究[J].岩石力学与工程学报,30(3):580-588.

王玉满,李新景,陈波,等,2018.海相页岩有机质炭化的热成熟度下限及勘探风险[J].石油勘探与开发,45(3):385-395.

王玉满,李新景,董大忠,等,2016.海相页岩裂缝孔隙发育机制及地质意义[J].天然气地球科学,27(9):1602-1610.

王泽根,胡思源,雍志玮,等,2021.页岩气开发区块地形适宜性选区评价方法[J].天然气与石油,39(6):82-88.

王宗秀,李春麟,李会军,等,2019.川东—武陵地区构造格局及其演化[J].地质力学学报,25(5):827-839.

魏祥峰,李宇平,魏志红,等,2017.保存条件对四川盆地及周缘海相页岩气富集高产的影响机制[J].石油实验地质,39(2):147-153.

主要参考文献

吴蓝宇,胡东风,陆永潮,等,2016.四川盆地涪陵气田五峰组—龙马溪组页岩优势岩相[J].石油勘探与开发,43(2):189-197.

吴林强,张涛,徐晶晶,等,2019."涪陵样板"对加快推进长江经济带页岩气勘查开发新格局的启示[J].国际石油经济,27(2):36-42.

肖正辉,宁博文,杨荣丰,2015.多层次模糊数学法在湘西北页岩气有利区块优选中的应用[J].煤田地质与勘探,43(3):33-37.

徐二社,李志明,杨振恒,2015.彭水地区五峰—龙马溪组页岩热演化史及生烃史研究:以PY1井为例[J].石油实验地质,37(4):494-499.

徐明,赵平,朱传庆,等,2010.江汉盆地钻井地温测量和大地热流分布[J].地质科学,45(1):317-323.

徐明,朱传庆,田云涛,等,2011.四川盆地钻孔温度测量及现今地热特征[J].地球物理学报,54(4):1052-1060.

徐秋晨,2018.四川盆地中西部海相地层热演化研究[D].北京:中国石油大学(北京).

徐政语,姚根顺,梁兴,等,2015.扬子陆块下古生界页岩气保存条件分析[J].石油实验地质,37(4):407-417.

闫立志,2017.页岩气储层中基于构造应力场的裂缝预测研究[D].青岛:中国石油大学(华东).

杨宁,唐书恒,张松航,2014.湘西北龙马溪组页岩气地质条件及有利区优选[J].煤炭科学技术,42(8):104-108.

杨升宇,张金川,唐玄,2016.鄂尔多斯盆地张家滩页岩气区三维盆地模拟[J].天然气地球科学,27(5):1672-1926.

杨潇,2017.渝东北地区五峰组—龙马溪组页岩气保存条件分析[D].成都:成都理工大学.

余川,曾春林,周洵,等,2018.大巴山冲断带下寒武统页岩气构造保存单元划分及其分区评价[J].天然气地球科学,29(6):853-865.

余光春,魏翔峰,李飞,等,2020.上扬子地区断裂活动对页岩气保存的破坏作用[J].石油实验地质,42(3):355-362.

袁玉松,马永生,胡圣标,等,2006.中国南方现今地热特征[J].地球物理学报,49(4):1118-1126.

翟刚毅,王玉芳,包书景,等,2017.我国南方海相页岩气富集高产主控因素及前景预测[J].地球科学,42(7):1057-1068.

张国伟,郭安林,王岳军,等,2013.中国华南大陆构造与问题[J].中国科学:地球科学,43(10):1553-1582.

张海涛,张颖,何希鹏,等,2018.渝东南武隆地区构造作用对页岩气形成与保存的影响[J].中国石油勘探,23(5):47-56.

张虎,甘辉,2019.中国页岩气选区评价研究进展概论及思考[J].复杂油气藏,12(2):32-35.

张鉴,王兰生,杨跃明,等,2016.四川盆地海相页岩气选区评价方法建立及应用[J].天然气地球科学,27(3):433-441.

张昆,2019.复杂构造背景海相页岩气保存机理[D].北京:中国石油大学(北京).

张磊,2013.彭水、黄平区块页岩气井壁稳定性研究[D].武汉:长江大学.

张丽,2016.川东下古生界页岩流变构造与孔隙结构特征[D].北京:中国地质大学(北京).

张小琼,单业华,倪永进,等,2015.中生代川东褶皱带的数值模拟:两阶段的构造演化模型[J].大地构造与成矿学,39(6):1022-1032.

朱瑜,2016.构造强改造区页岩气富集条件研究:以重庆城口地区下寒武统为例[D].成都:西南石油大学.

邹才能,2013.非常规油气地质[M].北京:科学出版社.

邹才能,董大忠,王玉满,等,2015.中国页岩气特征、挑战及前景(一)[J].石油勘探与开发,42(6):689-701.

邹才能,董大忠,王玉满,等,2016.中国页岩气特征、挑战及前景(二)[J].石油勘探与开发,43(2):166-178.

邹耀遥,张树林,沈传波,等,2018.湘鄂西褶皱带中—新生代剥蚀特征及其构造指示:来自磷灰石裂变径迹的证据[J].地球科学,43(6):2007-2018.

ALLRED B W,SMITH W K,TWIDWELL D,et al.,2015. Ecosystem services lost to oil and gas in North America[J]. Science,348(6233):401-402.

ALSALEM O B,FAN M,XIE X,2017. Late Paleozoic subsidence and burial history of the Fort Worth Basin[J]. AAPG Bulletin,101(11):1813-1833.

ANDERSON E M,1951. The dynamics of faulting and dyke formation with applications to Britain[M]. 2nd ed. Edinburgh:Oliver and Boyd.

ANNEVELINK M P J A,MEESTERS J A J,HENDRIKS A J,2016. Environmental contamination due to shale gas development[J]. Science of the Total Environment,550:431-438.

ASADZADEH S,FILHO C R S,2017. Spectral remote sensing for onshore seepage characterization:A critical overview[J]. Earth-Science Reviews,168:48-72.

BARTON E P,PABIAN S E,BRITTINGHAM M C,2016. Bird community response to Marcellus shale gas development[J]. Journal of Wildlife Management,80(7):1301-1313.

BHANDARI A R,FLEMINGS P B,POLITO P J,et al.,2015. Anisotropy and stress dependence of permeability in the Barnett shale[J]. Transport in Porous Media,108(2):393-411.

BIOT M A,1941. General theory of three-dimensional consolidation[J]. Journal of Applied Physics,12(2):155-164.

BRITTINGHAM M C,MALONEY K O,FARAG A M,et al.,2014. Ecological risks of shale oil and gas development to wildlife,aquatic resources and their habitats[J]. Environmental Science and Technology,48(19):11034-11047.

主要参考文献

BROWN E T, HOEK E, 1978. Trends in relationships between measured in-situ stresses and depth[J]. International Journal of Rock Mechanics and Mining Sciences & Geomechanics Abstracts,15(4):211-215.

CURTIS J B,2002. Fractured shale-gas system[J]. AAPG Bulletin,86(11):1921-1938.

DAI J X, ZOU C N, LIAO S M, et al., 2014. Geochemistry of the extremely high thermal maturity Longmaxi shale gas, southern Sichuan Basin[J]. Organic Geochemistry,74:3-12.

DROHAN P J, BRITTINGHAM M C, 2012. Topographic and soil constraints to shale-gas development in the northcentral Appalachians[J]. Soil Science Society of America Journal,76(5):1696-1706.

EMETERE M E, 2019. Modified satellite remote sensing technique for hydrocarbon deposit detection[J]. Journal of Petroleum Science and Engineering,181(4):106228.

FAN C H, ZHONG C, ZHANG Y, et al., 2019. Geological factors controlling the accumulation and high yield of marine-facies shale gas:case study of the Wufeng-Longmaxi Formation in the Dingshan area of Southeast Sichuan, China[J]. Acta Geologica Sinica,93(3):536-560.

FARWELL L S, WOOD P B, SHEEHAN J, et al., 2016. Shale gas development effects on the songbird community in a central Appalachian Forest[J]. Biological Conservation,201:78-91.

FINK C M, DROHAN P J, 2015. Dynamic soil property change in response to reclamation following Northern Appalachian natural gas infrastructure development[J]. Soil Science Society of America Journal,79(1):146-154.

GAO J L, ZOU C N, LI W, et al., 2020. Hydrochemistry of flowback water from Changning shale gas field and associated shallow groundwater in Southern Sichuan Basin, China:Implications for the possible impact of shale gas development on groundwater quality [J]. Science of the Total Environment,713:136591.

GAO J, HE S, ZHAO J X, et al., 2017. Geothermometry and geobarometry of overpressured Lower Paleozoic gas shales in the Jiaoshiba field,Central China:Insight from fluid inclusions in fracture cements[J]. Marine and Petroleum Geology,83:124-139.

GAO J, ZHANG J K, HE S, et al., 2019. Overpressure generation and evolution in Lower Paleozoic gas shales of the Jiaoshiba region, China: Implications for shale gas accumulation[J]. Marine and Petroleum Geology,102:844-859.

GASPARRINI M, SASSI W, GALE J F W, 2014. Natural sealed fractures in mudrocks:A case study tied to burial history from the Barnett shale, Fort Worth Basin, Texas, USA[J]. Marine and Petroleum Geology,55:122-141.

GE X, SHEN C B, SELBY D, et al., 2016. Apatite fission-track and Re-Os geochronology of the Xuefeng Uplift, China: Temporal implications for dry gas associated hydrocarbon systems[J]. Geology,44(6):491-494.

GHAZAVI R, BABAEI S, ERFANIAN M, 2018. Recharge wells site selection for artificial groundwater recharge in an urban area using fuzzy logic technique[J]. Water Resources Management, 32(12): 3821-3834.

GONG P, LIU H, ZHANG M N, et al., 2019. Stable classification with limited sample: transferring a 30-m resolution sample set collected in 2015 to mapping 10-m resolution global land cover in 2017[J]. Science Bulletin, 64(6): 370-373.

GUO M Y, LU X, NIELSEN C P, et al., 2016. Prospects for shale gas production in China: Implications for water demand[J]. Renewable and Sustainable Energy Reviews, 66: 742-750.

GUO Y, DU X Y, LI D D, 2022. How newly developed shale gas facilities influence soil erosion in a karst region in SW China[J]. Science of the Total Environment, 818: 151825.

HAO F, ZOU H Y, 2013. Cause of shale gas geochemical anomalies and mechanisms for gas enrichment and depletion in high-maturity shales[J]. Marine and Petroleum Geology, 44: 1-12.

HAO F, ZOU H Y, LU Y C, et al., 2013. Mechanisms of shale gas storage: Implications for shale gas exploration in China[J]. AAPG Bulletin, 97(8): 1325-1346.

HARKNESS J S, DARRAH T H, WARNER N R, et al., 2017. The geochemistry of naturally occurring methane and saline groundwater in an area of unconventional shale gas development[J]. Geochimica et Cosmochimica Acta, 208: 302-334.

HE Z L, NIE H K, LI S J, et al., 2020. Differential enrichment of shale gas in upper Ordovician and lower Silurian controlled by the plate tectonics of the Middle-Upper Yangtze, South China[J]. Marine and Petroleum Geology, 118: 104357.

HEIDBACH O, RAJABI M, CUI X F, et al., 2018. The world stress map database release 2016: crustal stress pattern across scales[J]. Tectonophysics, 744: 484-498.

HILL R J, ZHANG E T, KATZ B J, et al., 2007. Modeling of gas generation from the Barnett shale, Fort Worth Basin, Texas[J]. AAPG Bulletin, 91(4): 501-521.

HOLCOMB D J, 1993. General theory of the Kaiser effect[J]. International Journal of Rock Mechanics and Mining Sciences & Geomechanics Abstracts, 30(7): 929-935.

HOU Y G, ZHANG K P, WANG F R, et al., 2019. Structural evolution of organic matter and implications for graphitization in over-mature marine shales, South China[J]. Marine and Petroleum Geology, 109: 304-316.

IBANEZ D M, ALMEIDA-FILHO R, MIRANDA F P, 2016. Analysis of SRTM data as an aid to hydrocarbon exploration in a frontier area of the Amazonas sedimentary basin, northern Brazil[J]. Marine and Petroleum Geology, 73: 528-538.

JATIAULT R, DHONT D, LONCKE L, et al., 2017. Monitoring of natural oil seepage in the Lower Congo Basin using SAR observations[J]. Remote Sensing of Environment, 191: 258-272.

JIANG S, TANG X L, LONG S X, et al., 2017. Reservoir quality, gas accumulation and completion quality assessment of Silurian Longmaxi marine shale gas play in the Sichuan Basin, China[J]. Journal of Natural Gas Science and Engineering, 39: 203-215.

KAISER J, 1953. Erkenntnisse und folgerungen aus der messung von geräuschen bei zugbeanspruchung von metallischen werkstoffen[J]. Archiv für das Eisenhüttenwesen, 24(1-2): 43-45.

LANGLOIS L A, DROHAN P J, BRITTINGHAM M C, 2017. Linear infrastructure drives habitat conversion and forest fragmentation associated with Marcellus shale gas development in a forested landscape[J]. Journal of Environmental Management, 197: 167-176.

LAVROV A, 2003. The Kaiser effect in rocks: principles and stress estimation techniques[J]. International Journal of Rock Mechanics and Mining Sciences & Geomechanics, 40: 151-171.

LEHTONEN A, COSGROVE J W, HUDSON J A, et al., 2012. An examination of in situ rock stress estimation using the Kaiser effect[J]. Engineering Geology, 124: 24-37.

LEWAN M D, PAWLEWICZ M J, 2017. Reevaluation of thermal maturity and stages of petroleum formation of the Mississippian Barnett shale, Fort Worth Basin, Texas[J]. AAPG Bulletin, 101(12): 1945-1970.

LI C X, HE D F, SUN Y P, et al., 2015. Structural characteristic and origin of intracontinental fold belt in the eastern Sichuan basin, South China Block[J]. Journal of Asian Earth Sciences, 111: 206-221.

LI S J, LI Y Q, HE Z L, et al., 2020. Differential deformation on two sides of Qiyueshan Fault along the eastern margin of Sichuan Basin, China, and its influence on shale gas preservation[J]. Marine and Petroleum Geology, 121: 104602.

LI Z, ZHANG J C, TANG X, et al., 2019. Approaches for the evaluation of favorable shale gas areas and applications: Implications for China's exploration strategy[J]. Energy Science & Engineering, 8(2): 270-290.

LIU H M, ZHANG Z X, ZHANG T, 2022. Shale gas investment decision-making: Green and efficient development under market, technology and environment uncertainties[J]. Applied Energy, 306: 118002.

LIU J S, DING W L, WANG R Y, et al., 2017. Simulation of paleotectonic stress fields and quantitative prediction of multi-period fractures in shale reservoirs: a case study of the Niutitang Formation in the Lower Cambrian in the Cen'gong block, South China[J]. Marine and Petroleum Geology, 84: 289-310.

LIU R, HAO F, ENGELDER T, et al., 2019. Stress memory extracted from shale in the vicinity of a fault zone: implications for shale-gas retention[J]. Marine and Petroleum Geology, 102: 340-349.

LIU Y,2021. Remote sensing of forest structural changes due to the recent boom of unconventional shale gas extraction activities in Appalachian Ohio[J]. Remote Sensing,13(8):1453.

MA Y,ARDAKANI O H,ZHONG N,et al.,2020. Possible pore structure deformation effects on the shale gas enrichment: an example from the Lower Cambrian shales of the Eastern Upper Yangtze Platform,South China[J]. International Journal of Coal Geology,217:103349.

MA Y,PAN Z J,ZHONG N N,et al.,2016. Experimental study of anisotropic gas permeability and its relationship with fracture structure of Longmaxi Shales,Sichuan Basin,China[J]. Fuel,180:106-115.

MENG Q M,2014. Modeling and prediction of natural gas fracking pad landscapes in the Marcellus Shale region,USA[J]. Landscape and Urban Planning,121:109-116.

MILT A W,GAGNOLET T,ARMSWORTH P R,2016. Synergies and tradeoffs among environmental impacts under conservation planning of shale gas surface infrastructure[J]. Environmental Management,57(1):21-30.

MORAN M D,COX A B,WELLS R L,et al.,2015. Habitat loss and modification due to gas development in the Fayetteville Shale[J]. Environmental Management,55(6):1276-1284.

OLMSTEAD S M,MUEHLENBACHS L A,SHIH J S,2013. Shale gas development impacts on surface water quality in Pennsylvania[J]. Proceedings of the National Academy of Sciences of the United States of America,110(13):4962-4967.

PAN Z J,MA Y,CONNELL L D,et al.,2015. Measuring anisotropic permeability using a cubic shale sample in triaxial cell[J]. Journal of Natural Gas Science and Engineering,26:336-344.

PATELLA D,2020. On the transformation of dipole to Schlumberger sounding curves[J]. Geophysical Prospecting,22(2):315-329.

POLLASTRO R M,JARVIE D M,HILL R J,et al.,2007. Geologic framework of the Mississippian Barnett shale,Barnett-Paleozoic total petroleum system,Bend Arch-Fort Worth Basin,Texas[J]. AAPG Bulletin,91(4):405-436.

PRESTON T M,KIM K,2016. Land cover changes associated with recent energy development in the Williston Basin; Northern Great Plains,USA[J]. Science of the Total Environment,566-567:1511-1518.

QIAO L,XU Z H,ZHAO K,et al.,2011. Study on acoustic emission in-situ stress measurement techniques based on plane stress condition[J]. Procedia Engineering,26:1473-1481.

RACICOT A,BABIN-ROUSSEL V,DAUPHINAIS J F,2014. A framework to predict the impacts of shale gas infrastructures on the forest fragmentation of an Agroforest region

[J]. Environmental Management,53(5):1023-1033.

RANGZAN K,CHARCHI A,ABSHIRINI E,2008. Remote sensing and GIS approach for water-well site selection,Southwest Iran[J]. Environmental & Engineering Geoscience,14(4):315-326.

RICHARDSON N J,DENSMORE A L,SEWARD D,et al.,2008. Extraordinary denudation in the Sichuan Basin:Insights from low-temperature thermochronology adjacent to the eastern margin of the Tibetan Plateau[J]. Journal of Geophysical Research,113(B4):B04409.

RUTQVIST J,RINALDI A P,CAPPA F,et al.,2013. Modeling of fault reactivation and induced seismicity during hydraulic fracturing of shale-gas reservoirs[J]. Journal of Petroleum Science and Engineering,107:31-44.

SAHA S K,2022. Remote sensing and geographic information system applications in hydrocarbon exploration:a review[J]. Journal of the Indian Society of Remote Sensing,50(8):1457-1475.

SCAFUTTO R D M,FILHO C R S,RILEY D N,et al.,2018. Evaluation of thermal infrared hyperspectral imagery for the detection of onshore methane plumes:Significance for hydrocarbon exploration and monitoring [J]. International Journal of Applied Earth Observation and Geoinformation,64:311-325.

SCHMITT D R,CURRIE C A,ZHANG L,2012. Crustal stress determination from boreholes and rock cores:Fundamental principles[J]. Tectonophysics,580:1-26.

SHAO D Y,ZHANG T W,KO L T,et al.,2019. Empirical plot of gas generation from oil-prone marine shales at different maturity stages and its application to assess gas preservation in organic-rich shale system[J]. Marine and Petroleum Geology,102:258-270.

SHI H C,SHI X B,GLASMACHER U A,et al.,2016. The evolution of eastern Sichuan basin,Yangtze block since Cretaceous:Constraints from low temperature thermochronology[J]. Journal of Asian Earth Sciences,116:208-221.

SUN D S,CHEN Q C,WANG Z X,et al.,2015. In situ stress measurement method and its application in unconventional oil and gas exploration and development[J]. Acta Geologica Sinica,89(2):685-686.

SWEENEY J J,BURNHAM A K,1990. Evaluation of a simple model of vitrinite reflectance based on chemical kinetics[J]. AAPG Bulletin,74(10):1559-1570.

TANG L J,CUI M,2012. Structural deformation and fluid flow from East Sichuan to the northwestern periphery of the Xuefeng Uplift,China[J]. Petroleum Science,9(4):15-21.

TANG S L,YAN D P,QIU L,et al.,2014. Partitioning of the Cretaceous Pan-Yangtze Basin in the central South China Block by exhumation of the Xuefeng Mountains during a transition from extensional to compressional tectonics? [J]. Gondwana Research,25:1644-1659.

TISSOT B,PELET R,1971. New data on mechanisms of genesis and migration of petroleum mathematical models and applications to prospection[J]. Word Oil,73(1):117-127.

TUCKER C J,1979. Monitoring the grasslands of the Sahel 1984—1985[J]. Remote Sensing of Environment,8:127-150.

VENGOSH A,JACKSON R B,WARNER N,et al. ,2014. A critical review of the risks to water resources from unconventional shale gas development and hydraulic fracturing in the United States[J]. Environmental Science & Technology,48(15):8334-8348.

VIDIC R D,BRANTLEY S L,VANDENBOSSCHE J M,2013. Impact of shale gas development on regional water quality[J]. Science,340(6134):1235009.

WANG J L,LIU M M,BENTLEY Y M,et al. ,2018. Water use for shale gas extraction in the Sichuan Basin,China[J]. Journal of Environmental Management,226:13-21.

WANG J L,LIU M M,MCLELLAN B C,et al. ,2017. Environmental impacts of shale gas development in China: A hybrid life cycle analysis[J]. Resources, Conservation and Recycling,120:38-45.

WARNER N R,CHRISTIE C A,JACKSON R B,et al. ,2013. Impacts of shale gas wastewater disposal on water quality in western Pennsylvania[J]. Environmental Science & Technology,47(20):11849-11857.

WARNER N R,JACKSON R B,DARRAH T H,et al. ,2012. Geochemical evidence for possible natural migration of Marcellus Formation brine to shallow aquifers in Pennsylvania [J]. Proceedings of the National Academy of Sciences of the United States of America,109(30):11961-11966.

WU Z H,ZUO J Y,WANG S Y,et al. ,2017. Numerical study of multi-period palaeotectonic stress fields in Lower Cambrian shale reservoirs and the prediction of fractures distribution:a case study of the Niutitang Formation in Feng'gang No. 3 block, South China[J]. Marine and Petroleum Geology,80:369-381.

XIA X Y,MICHAEL E,GAO Y L,2020. Preservation of lateral pressure disequilibrium during the uplift of shale reservoirs[J]. AAPG Bulletin,104(4):825-843.

XU S,LIU R,HAO F,et al. ,2019. Complex rotation of maximum horizontal stress in the Wufeng-Longmaxi Shale on the eastern margin of the Sichuan Basin,China:Implications for predicting natural fractures[J]. Marine and Petroleum Geology,109:519-529.

XU X F,SHI W Z,ZHAI G Y,et al. ,2021. A novel approach of evaluating favorable areas for shale gas exploration based on regional geological survey and remote sensing data [J]. Journal of Natural Gas Science and Engineering,88:103813.

XU Y,LI Y,ZHENG L J,et al. ,2020. Site selection of wind farms using GIS and multi-criteria decision making method in Wafangdian,China[J]. Energy,207:118222.

YANG F,XU S,HAO F,et al. ,2019. Petrophysical characteristics of shales with different lithofacies in Jiaoshiba area, Sichuan Basin, China: Implications for shale gas accumulation mechanism[J]. Marine and Petroleum Geology,109:394-407.

YI J Z,BAO H Y,ZHENG A W,et al.,2019. Main factors controlling marine shale gas enrichment and high-yield wells in South China: A case study of the Fuling shale gas field [J]. Marine and Petroleum Geology,103:114-125.

YOSHIKAWA S,MOGI K,1981. A new method for estimation of the crustal stress from cored rock samples: laboratory study in the case of uniaxial compression [J]. Tectonophysics,74:323-339.

ZENG W T,DING W L,ZHANG J C,et al.,2013. Fracture development in Paleozoic shale of Chongqing area (South China). Part two: Numerical simulation of tectonic stress field and prediction of fractures distribution [J]. Journal of Asian Earth Sciences, 75: 267-279.

ZHANG J J,HU N,LI W J,2022. Rapid site selection of shale gas multi-well pad drilling based on digital elevation model[J]. Processes,10(5):854.

ZHU C Q,HU S B,QIU N S,et al.,2016. Thermal history of the Sichuan Basin,SW China:Evidence from deep boreholes[J]. Science China Earth Sciences,59(1):70-82.

ZHU C Q,QIU N S,LIU Y F,et al.,2019. Constraining the denudation process in the eastern Sichuan Basin, China using low-temperature thermochronology and vitrinite reflectance data[J]. Geological Journal,54(1):426-437.